舌尖上的健康

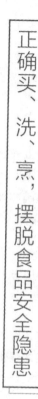

正确买、洗、烹，摆脱食品安全隐患

许明双 编著

U0206903

中国医药科技出版社

内容提要

本书是一本通过购买、清洗、烹调来保障家庭饮食安全的参考书。日常饮食中的五谷杂粮、蔬菜、水果、肉禽蛋、水产和海产品、加工食品以及其他常用食材，容易存在农药残留、有害物质等，对健康造成威胁。本书列出了各种食品可能存在的"安全隐患"，通过"这样挑选更安全""这样清洗很干净""这样烹调才健康"帮助大家掌握实际方法，轻松解除这些隐患，轻轻松松保护全家健康。

图书在版编目（CIP）数据

舌尖上的健康：正确买、洗、烹，摆脱食品安全隐患／许明双编著．—北京：中国医药科技出版社，2018.2

ISBN 978 - 7 - 5067 - 9597 - 5

Ⅰ.①舌… Ⅱ.①许… Ⅲ.①食品安全 - 普及读物 Ⅳ.①TS201.6 - 49

中国版本图书馆 CIP 数据核字（2017）第 233004 号

责任编辑 李亚旗
美术编辑 杜 帅
版式设计 曹 荣

出版 中国医药科技出版社
地址 北京市海淀区文慧园北路甲 22 号
邮编 100082
电话 发行:010 - 62227427 邮购:010 - 62236938
网址 www.cmstp.com
规格 710 × 1000mm $^{1}/_{16}$
印张 $14^{1}/_{2}$
字数 166 千字
版次 2018 年 2 月第 1 版
印次 2018 年 2 月第 1 次印刷
印刷 北京天宇万达印刷有限公司
经销 全国各地新华书店
书号 ISBN 978 - 7 - 5067 - 9597 - 5
定价 32.00 元

本社图书如存在印装质量问题请与本社联系调换

前言

打开网页，搜索"食品安全"，会发现仅仅这四个字的搜索量已经上亿，其中还不包括农药残留超标、食品添加剂、违法添加剂等每一个搜索都上亿的词。如果加上每一种食材可能遇到的食品安全问题，搜索到的结果可能超出我们的想象。这样高的关注度，既说明人们对于食品安全问题越来越重视，也说明在现代饮食中，食品安全问题日益增多，给我们的健康生活蒙上了一层躲不开、逃不掉的阴影。

"民以食为天"，人不能脱离食物而生存，所以饮食成为与我们生活、生命息息相关的必备元素。随着现代农业、工业的发展，食品安全隐患越来越多，人们对于食品安全的追求却越来越高。因此，帮助大家科学认识食品安全问题，保障饮食健康，是本书呈现在读者面前的原因与目的。

本书以与我们日常饮食息息相关的五谷杂粮、蔬菜、水果、肉禽蛋、水产和海产品、加工食品以及其他常用食材为分类，以食品"安全隐患""这样挑选更安全""这样清洗很干净""这样烹调才健康"为主要内容，帮助大家全面了解食品安全隐患，并掌握实际方法轻松解除这些隐患，科学且简便，方便又实用。

同时，本书还为大家深刻解读农药残留和食品添加剂对于饮食、健康的影响,并破解网络上一直流传的食品谣言,让大家更加了解食品安全,并为保障自己的饮食健康提供方向。

买、洗、烹,每一个环节都做对了,就能更好地保障饮食健康和安全。看完本书你会发现,农药残留和一些有害物质并不可怕,学会购买、清洗和烹调,就能轻轻松松保护全家健康。

编　者

2017 年 5 月

目录

Part 1

食品添加剂和农药残留，让餐桌失去安全感

Part 2

家庭食品安全，应是挑选、清洗、烹饪一条龙

Part 3

五谷杂粮，一定要挑对洗净再下锅

Part 4

蔬菜如此买、洗、烹，质量上乘隐患低

Part 5

多样水果，你真的会挑、会洗、会吃吗

Part 6

肉禽蛋类，买、洗、烹都有诀窍

Part 7

水产和海产品，挑选、清洗很重要

Part 8

加工食品让人爱又恨，教你正确选购与合理烹调

Part 9

其他常用食材，十八般武艺来"绿化"

这是一本通过购买、清洗、烹调来保障家庭饮食安全的参考书
打开本书，您可以看到五谷杂粮、蔬菜、水果、肉禽蛋、水产和
海产品、加工食品及其他常用食材可能存在的"安全隐患"，更
可以看到帮助您解决这些隐患的实际方法，只需购买、清洗、烹
调三步，就能轻松保护餐桌上的安全，守护全家人的健康！

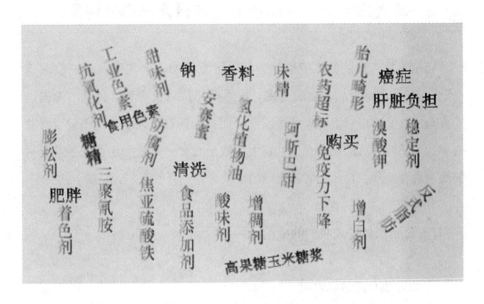

农药残留和食品添加剂问题越来越多，逐渐成为威胁我们健康的重大问题，因此一定要准确了解它们，为保障自己的餐桌安全奠定基础。

Part 1

食品添加剂和农药残留，
让餐桌失去安全感

1　疾病找上身，食品不安全占很大一部分因素

每年 4 月 7 日是世界卫生日，其中很重要的一个主题就是"食品安全"，可见人们对食品安全的重视。俗话说"民以食为天，食以洁为先"，不安全的食品可以引发 200 多种疾病，而且据调查研究显示，不安全食品每年约与 200 万人的死亡有关，其中多数是儿童，因此关注"食品安全"，警惕食源性疾病，是我们必须要做的事情。

__ 有害食品如何进入我们的生活

1. 农作物喷洒超标农药

农作物种植过程中少不了要喷洒农药，但是，不是所有的菜农、果农等都会按照国家规定的标准使用农药。比如有的菜农消灭菜虫的时候，会选用杀伤性很强的农药，不仅虫子会被杀死，蔬菜也会受污染，如果在洗涤、烹调的过程中没有妥当处理，残留的农药可能危害人体健康。有些农药随食物进入人体后会立刻显现"威力"，让人中毒；有些农药的毒素会在人体内慢慢积累，悄悄损害人体健康。

2. 各种违法添加物

真正意义上的食品添加剂是符合我国食品安全法（2015 年）规定的，为改善食品品质和色、香、味以及为防腐、保鲜和加工工艺的需要而加入食品中的人工合成或天然物质，不等于违法添加物。之前人们因为"三鹿奶粉事件"知晓了三聚氰胺这个冷僻的化学名词，才知道食品添加剂使用

过程中出现了不少违法添加物，比如吊白块、蓝矾等，一些原本只应该出现在工业领域，不应该出现在食品当中的化学物质逐渐被我们所熟知。它们有别于食品添加剂，是威胁人体健康的"杀手"，会给身体带来各种潜藏疾病。

__ 从源头杜绝食源性疾病的发生

从田间到餐桌，任何一个环节都可能发生食品污染。作为消费者的我们，无法参与到农作物的种植过程中去，所以只能从购买这个源头上防止食源性疾病的发生。不过比较好的一点是，除了购买食品，我们还可以从清洗、烹调的环节中尽量消除农药残留、病源微生物可能带来的危害，从而让自己的饮食变得更加健康、安全。

1. 购买

购买时，一定要确保购买的食品包装完好无损；产地、厂址、厂名、电话完整；有产品级别或成分表；在保质期内；了解适用范围、适宜人群，做到科学食用，提高安全防范意识；选购具有国家认证标志的食品。

2. 清洗

清洗时，针对各种各样的食材采用科学的清洗方法，比如用凉水洗、热水洗、盐水洗，用流动水洗、用水浸泡洗等，根据蔬菜、水果、五谷、肉类等不同类别而选择不同的清洗方法，以达到去除农药残留和病源微生物的目的。

3. 烹饪

蒸、煮、炒在众多烹饪方法中是比较健康的烹饪方法。炒时尽量使用不粘锅，减少用油量，蔬菜先焯后炒等，可以尽量减少食物的营养流失。

2　农药有毒，可是为什么农作物还要使用农药

农药即"杀害药剂"，是用于防治危害农林牧业生产的有害生物和调节植物生长的化学药品、生物药品。通常把用于卫生及改善有效成分物化性质的各种助剂也包括在内。根据防治对象，可分为杀虫剂、杀菌剂、杀螨剂、杀线虫剂、杀鼠剂、除草剂、脱叶剂、植物生长调节剂等，可以防治病虫害和调节植物生长，但是过量使用、滥用农药等可能对人体造成伤害。

__ 农药有毒，随意使用危害大

农药有高毒、中毒、低毒之分，对环境、人畜等都会造成一定的危害。

1. 污染大气、水环境，间接危害人体健康

流失到环境中的农药通过蒸发、蒸腾，飘到大气之中，飘动的农药又被空气中的尘埃吸附住，并随风扩散，造成大气环境的污染。大气中的农药，通过降雨流入水里，从而造成水环境的污染，对人、畜，特别是水生生物，如鱼、虾等造成危害。人长期食用环境污染下长成的食材，毒素便会在体内累积，危害身体健康。

2. 增强病菌、害虫对农药的抗药性

长时间使用同一种农药，最终会增强病菌、害虫的抗药性。以后对同种病菌、害虫的防治必须不断加大农药的用药量，不然无法达到消灭病

菌、害虫的目的，这样形成了恶性循环，从而进一步增加我们的饮食风险。

3. 直接对人体健康造成危害

人工合成的化学农药约 500 种，其中大部分可以通过生物降解成为无害物质，剩余一小部分，如有机氯类农药，难以降解，成为残留性农药。残留性农药进入人体，会在心、肝、肾等组织中蓄积，直接对人体健康造成危害。因此，不必对农药残留过于担心，但是要保持一定的警惕，在购买、清洗、烹调时进行多方面的努力，以保证入口食物的安全性。

农药也有益，对农作物产量有帮助

农药有毒但是仍然继续使用，是因为它存在一定益处，对农作物产量有帮助等，而且农药是科学技术和社会发展的必然产物，适应农业现代化大生产的需要。随着科学技术进步和社会发展要求，农药的分子设计、合成、加工、应用和管理的理论、技术等都在不断创新，尽量在降低危害的情况下，保证农作物的产量。

所谓农药防治就是化学防治，是植物保护工作的重要手段，它的优点是简单、方便、见效快，只要用药准确、方法得当就能取得显著效果，对一些多发性、暴发性病虫草害，能迅速控制或压缩到经济指标之下，确保作物生长，获得增产增收。如果能把国家大力发展的农药市场的管理，在全国范围启动和建立无公害绿色蔬菜基地，实施食品放心工程等做起来，即使使用农药，也可以在保证食品安全的同时提高农产品产量，丰富我们的餐桌。

3　农药易残留，果蔬上的农药残留对身体有什么影响

农药，尤其是有机磷农药、氨基甲酸酯类农药、拟除虫菊酯类农药等，均具有一定的附着性、渗透性，容易残留在果蔬上，人们吃了之后毒素容易积累在体内，对健康产生各样的危害。具体来说，果蔬上的农药残留会对身体产生以下影响。

1. 容易造成肥胖

当肝脏无法对有毒物质进行分解时，会用脂肪将其包裹起来，形成脂肪团，此后如果毒素继续累积，脂肪团会在一定程度上增多、变大，导致新陈代谢降低，脂肪含量增加，造成人体肥胖。

2. 导致身体免疫力下降

长期食用带有残留农药的蔬果，农药被血液吸收以后，会分布到神经突触和神经肌肉接头处，直接损害神经元，造成中枢神经死亡，导致身体各器官免疫力下降。比如，我们会出现经常性的感冒、头晕、心悸、盗汗、失眠、健忘等。

3. 导致胎儿内脏发育不全或畸形

残留农药中的有毒物质在孕妇体内会通过胎盘被胎儿吸收，导致胎儿的某些内脏器官发育不全或畸形，一些出生就有缺陷的孩子，在子宫内中毒是其致病、致残的原因之一。因此在怀孕包括产后母乳喂养的过程中，广大女性尤其要注重饮食的安全与健康。

4. 加重肝脏负担

残留农药进入体内，主要依靠肝脏制造酶来吸收这些毒素，进行氧化

分解。如果长期食用带有残留农药的果蔬，需要肝脏不停地工作来分解这些毒素。长时间的超负荷工作会引起肝硬化、肝积水等肝脏病变。

5. 导致胃肠道疾病

由于胃肠道消化系统胃壁褶皱较多，容易积存毒物，果蔬上残留的农药易积存于此，引起慢性腹泻、恶心等症状。

6. 可能致癌

农药中含有的多种化学物质容易诱导有机体突变，从而增加细胞突变的可能，致使细胞产生畸形，诱发癌症。

除此之外，果蔬上的农药残留还容易导致多种隐藏性疾病，对身体健康产生不可逆转的损害，因此在购买、清洗和烹调上，一定要尽量做到科学地选择和处理，让自己的"餐桌"变得干净而健康。

4 农产品农药残留检验不合格，它的检验标准是什么

农业产业化的发展使农产品的生产越来越依赖于农药、抗生素和激素等外源物质。我国农药在农产品上的用量居高不下，这些物质如果不合理使用必将导致农产品中的农药残留超标，影响消费者饮食安全，严重时会造成消费者致病、发育不正常，甚至直接导致中毒死亡。因此世界各国，包括中国在内，都对农副产品中农药残留做了相当严格的限量标准，尽最大努力保障食品安全。

目前农药残留快速检测方法种类繁多，究其原理来说主要分为两大类：生化测定法和色谱检测法。其中生化测定法中的酶抑制率法由于具有快速、灵敏、操作简便、成本低廉等特点，被列为国家标准方法 GB/T 5009.199-2003，在蔬菜农药残留快速检测中得到了越来越广泛的应用。

一般情况下，我国的检查标准以农药残留速测卡的限定为准。农残速测卡是根据国家标准方法 GB/T 5009.199-2003 研发的农药残留快速检测试纸。用对农药高度敏感的胆碱酯酶和显色剂做成的酶试纸，可以快速检测蔬菜中有机磷和氨基甲酸酯这两大类用量较大、毒性较高的杀虫剂的残留情况，选用的酶对甲胺磷敏感，抗干扰性强，操作简便，不需要配制试剂，不需要专业的技术培训，可以不需要任何仪器设备单独使用，产品容易贮存，携带方便，是目前蔬菜农药残留常用的快速检测方法。

农残速测卡对几种常用农药的最低检测限如下表。

部分农药的检出限

农药名称	检出限（毫克/千克）	农药名称	检出限（毫克/千克）
甲胺磷	1.7	乙酰甲胺磷	3.5
水胺硫磷	3.1	对硫磷	1.7
乐果	1.3	久效磷	2.5
马拉硫磷	2.0	敌敌畏	0.3
敌百虫	0.3	呋喃丹	0.5
西维因	2.5	好年冬	1.0
氧化乐果	2.3		

具体使用方法分为以下两种。

1. 表面测定法（粗筛法）

（1）擦去蔬菜表面的泥土，滴 2～3 滴洗脱液在蔬菜表面，用另一片蔬菜在滴液处轻轻摩擦。

（2）取一片速测卡撕去薄膜，将蔬菜上的液滴滴在白色药片上。

（3）放置 10 分钟以上进行预反应，有条件时在 37℃ 的恒温装置中放置 10 分钟，预反应后的药片表面必须保持湿润。

（4）将速测卡对折，用手捏 3 分钟或在恒温装置中放置 3 分钟，使红色药片与白色药片叠合发生反应。

（5）每批测定应设一个洗脱液的空白对照卡。

2. 整体测定法

（1）选取有代表性的蔬菜样品，擦去表面泥土，剪成 1 厘米左右见方的碎片，取 5 克放入带盖瓶中，加入 10 毫升纯净水或缓冲溶液，震摇 50 次，静置 2 分钟以上。

（2）取一片速测卡，用白色药片蘸取提取液，放置 10 分钟以上进行预反应，有条件时在 37℃ 的恒温装置中放置 10 分钟。预反应后的药片表面必须保持湿润。

（3）将速测卡对折，用手捏 3 分钟或在恒温装置中放置 3 分钟，使红色药片与白色药片叠合发生反应。

（4）每批测定应设一个纯净水或缓冲液的空白对照卡。

通过以上方法，与空白对照卡比较，白色药片不变色或略有浅蓝色均为阳性结果，不变蓝为强阳性结果，说明农药残留量较高，显浅蓝色为弱阳性结果，说明农药残留量相对较低。白色药片变为天蓝色或与空白对照卡相同，为阴性结果，说明没有农药残留。对阳性结果的样品，可以用其他分析方法进一步确定具体的农药品种和含量。如果测定结果超出农药残留规定标准，这样的果蔬不应该在市场上进行售卖，应该严肃查处。

5　食品添加剂是什么，常见的有哪些

食品添加剂是为改善食品品质和色、香、味以及为防腐、保鲜和加工工艺的需要而加入食品中的人工合成或者天然物质。根据《食品安全国家标准　食品添加剂使用标准》（GB 2760 - 2014），食品添加剂分为 22 类。一般比较常见的有以下几种。

1. 防腐剂

常用的有苯甲酸钠、山梨酸钾等，可用于果酱、蜜饯等的食品加工中。

2. 抗氧化剂

与防腐剂类似，可以延长食品的保质期。常用的有丁基羟基茴香醚（BHA）、L - 抗坏血酸等。

3. 着色剂

常用的合成色素有胭脂红、苋菜红、柠檬黄、靛蓝等。它可改变食品的外观，使其有增强食欲的效果。

4. 增稠剂和稳定剂

可以改善或稳定冷饮食品的物理性状，使食品外观润滑细腻。比如，它们可以使冰淇淋等冷冻食品长期保持柔软、疏松的组织结构。

5. 膨松剂

部分糖果和巧克力中添加膨松剂，可促使糖体产生二氧化碳，从而起到膨松的作用。常用的膨松剂有碳酸氢钠、碳酸氢铵、酒石酸氢钾等。

6. 甜味剂

常用的人工合成的甜味剂有糖精钠、甜蜜素等。目的是为了增加食品的甜味感。

7. 酸度调节剂

部分饮料、糖果等常采用酸度调节剂来调节和改善香味效果。常用的有柠檬酸、酒石酸、苹果酸、乳酸等。

8. 漂白剂

漂白剂是指能够破坏或者抑制食品色泽形成因素，使其色泽褪去或者避免食品褐变的一类食品添加剂。比如果脯生产、淀粉糖浆制作过程中均会用到漂白剂。一般比较常用的有二氧化硫、硫黄、亚硫酸钠等。

9. 香料

香料有合成的，也有天然的，香型很多。我们常吃的各种口味的巧克力，生产过程中便会广泛使用各种香料，使其具有各种独特的风味。

以上便是日常食品加工中常用的食品添加剂，为了自己的饮食健康，平时要多多关注这方面的相关信息，避免黑心商家、厂家违规添加食品添加剂或加入了别的非法添加物而不自知，对自己的身体健康造成影响。

　　挑选、清洗、烹饪是处理食材的三大步骤，做得好的话可以有效降低残留农药可能带来的危害。

Part 2
家庭食品安全，
应是挑选、清洗、烹饪一条龙

1　精心挑选，把家庭食品安全隐患"消灭"在源头上

消除食品安全隐患，首先要学习如何选出放心食品的基础知识。掌握一些食品安全方面的知识有助于从食品的成分、时令、产地和所含添加剂等方面辨别食品，从而在入口之前消除部分食品安全隐患。

__ 选购安全食品的三大前提

1. 选择正规的商场和超市

采购是日常生活的必修课，有时我们可能为了方便和省钱，喜欢购买流动摊点和街头小贩的食品，但是这些食品的质量往往没有通过有关部门的安全认证。因此对城市来说，应当尽量到有正规进货渠道的商场和超市购买，并且他们能提供有效的营业执照和食品卫生许可证、食品生产许可证等。对农村来说，在农贸集市购买食品时，要尽量选购信誉好，自己比较熟悉的商贩，不要贪图便宜而购买不安全的食品。

2. 选择新鲜的食品

新鲜的食品营养丰富，对于身体健康格外有益。要知道，每种食品都有其应有的色泽，因此对于过于鲜艳的食品要有一定的警惕性。目前国家允许限量使用的着色剂，其中大部分天然色素和一些人工合成色素在加热和光照条件下都容易褪色、变色，不会一直保持鲜艳的色彩，所以如果食品颜色持久鲜亮、不褪色，极有可能是用了工业用染色剂。尽管工业用染色剂不允许用于食品加工当中，但是因为其性质稳定、色泽鲜艳、价格低廉等优点，依

然是不法厂商的心头好。

除此之外，还要注意提防白得不自然的食品，其中可能非法使用了增白剂或漂白剂。目前"白色危害"主要有两种：一种是超量、超范围使用国家允许的漂白剂；另一种是违法乱用有毒害的漂白化学品，常见的有甲醛次硫酸钠和甲醛，均属于剧毒化学物质，有强致癌作用。因此在挑选色白的食品时，如有以下特征需特别小心：颜色比正常食品应有的色泽要浅；闻起来有区别于食品自然味道的刺激性气味。

3. 购买食品看"三期"

无论在超市还是在商场里选购食品，都不能只看包装的精美程度或者有无明星代言等。为了我们的健康着想，购买食品的重点应放在看食品的标签上，主要是看食品的"三期"，即生产日期、保质期和保存期。生产日期即食品的生产或出厂日期。保质期指标签上规定的条件保存下，从生产之日起计算，保证食品质量的日期。在此期间出售的食品，符合标签上或食品标准中规定的质量，可以放心食用。保存期与保质期一样，也是从食品生产之日开始计算的一个食品的保质期限，但其截止日期指的是食品可以食用的最终期限，即食品超过保质期，但还在保存期内依然可以食用，但是一旦超过保存期，食品坚决不能销售和食用。

除此之外，还要注意看有无厂名、厂址，食用方法、食用条件，以及食品包装有无破损、鼓包，出售时是否根据包装写的条件进行储存等。

＿ 学会辨识常见食品标签

学会辨识食品标签有利于我们判断食品安全等级，提高选购食品的科学性。日常生活中比较常见的食品标签有以下几种。

1. 绿色食品标志

绿色食品是指遵循可持续发展原则，按照特定生产方式，经过专门机构认证，许可使用绿色食品标志的一种安全无污染、优质、营养的食品。从1996 年开始，我国在申报、审批过程中将绿色食品区分为 AA 级和 A 级。

绿色食品标志是由绿色食品发展中心在国家工商行政管理总局商标局正式注册的质量证明标志，由三部分构成，即上方的太阳、下方的叶片和中心的蓓蕾，象征自然生态。颜色为绿色，象征着生命、农业、环保。图形为正圆形，意为保护。其中，AA 级绿色食品标志与字体为绿色，底色为白色，A 级绿色食品标志与字体为白色，底色为绿色。

AA级　　　　　　　A级

此外，中国绿色食品发展中心对许可使用绿色食品标志的产品进行统一编号，并颁发绿色食品标志使用证书。编号形式为：LB－××－×××××××××或 GF×××××××　××　××××。"LB"是绿色食品标志代码，后面的两位数代表产品分类，最后 10 位数字含义如下：一、二位是批准年度，三、四位是批准月份，五、六位是省区，七、八、九、十位是产品序号，最后一位是产品级别（A 级以单数结尾，AA 级为双数结尾）。从序号中能够辨别出此产品相关信息，同时鉴别出"绿标"是否已过使用期。"GF"是绿色食品企业信息标志代码，后面的 6 位数代表地区代码，按行政区划编制到县级；中间两位数是认证年份，最后四位数是当年序号。自 2009 年 8 月 1 日起实施新的编号制度。产品编号与企业信息码过渡期截止日期为 2012 年 7 月 31 日。此后，所有获证产品包装上统一使用企业信息码，也就是"GF"的编号形式。

2. 无公害农产品标志

无公害农产品是指产地环境符合无公害农产品的生态环境质量，生产过程必须符合规定的农产品质量标准和规范，有毒有害物质残留量控制在安全质量允许范围内，安全质量指标符合《无公害农产品（食品）标准》的农、牧、渔产品（食用类，不包括深加工的食品）经专门机构认定，许可使用无公害农产品标识的产品。广义的无公害农产品包括有机农产品、自然食品、生态食品、绿色食品、无污染食品等。这类产品生产过程中允许限量、限品种、限时间地使用人工合成的安全的化学农药、兽药、肥料、饲料添加剂等，它符合国家食品卫生标准，但比绿色食品标准要宽。无公害农产品是保证人们对食品质量安全最基本的需要，是最基本的市场准入条件，普通食品都应达到这一要求。

无公害农产品标志标准颜色由绿色和橙色组成。标志图案主要由麦穗、对勾和无公害农产品字样组成，麦穗代表农产品，对勾表示合格，橙色寓意成熟和丰收，绿色象征环保和安全。

3. 食品质量安全标志与食品生产许可 SC 编号

食品质量安全标志取"QS"标志，是英文"质量安全"（Quality Safety）的字头缩写，是工业产品生产许可证标志的组成部分，也是取得工业产品生产许可证的企业在其生产的产品外观上标示的一种质量安全外在表现形式。根据《中华人民共和国工业产品生产许可证管理条例实施办法》

第八十六条即规定："工业产品生产许可证标志由'质量安全'英文（Quality Safety）字头（QS）和'质量安全'中文字样组成。标志主色调为蓝色，字母'Q'与'质量安全'四个中文字样为蓝色，字母'S'为白色。"自2010年6月1日起，食品质量安全标志中的"质量安全"字样已经替换为"生产许可"，即没有取得相关生产许可证的企业不能生产食品，不能使用这个标志。不过自2015年10月1日起正式施行的《食品生产许可管理办法》中规定，食品"QS"标志将逐步被食品生产许可SC编号取而代之。

食品生产许可证编号由SC和14位阿拉伯数字组成。数字从左至右依次为：3位食品类别编码、2位省（自治区、直辖市）代码、2位市（地）代码、2位县（区）代码、4位顺序码、1位校验码。

根据《中华人民共和国食品安全法》和《食品生产许可管理办法》，新获证及换证食品生产者，应当在食品包装或者标签上标注新的食品生产许可证编号，不再标注"QS"标志。食品生产者存有的带有"QS"标志的包装和标签，可以继续使用至完为止。2018年10月1日起，食品生产者生产的食品不得再使用原包装、标签和"QS"标志。

4. 食品安全HACCP认证标志

HACCP表示危害分析和关键控制点。确保食品在消费的生产、加工、制造、准备和食用等过程中的安全，在危害识别、评价和控制方面是一种科学、合理和系统的方法。但不代表健康方面一种不可接受的威胁。识别食品生产过程中可能发生的环节并采取适当的控制措施防止危害的发生。通过对加工过程的每一步进行监视和控制，从而降低危害发生的概率。HACCP 认证更加严格，并非强制要求，但是一般大型食品企业均需通过。

__ 常见食品选购标准

选购食品时，我们可以根据最基础的挑选步骤来进行基本的判定，之后再根据每种食品的不同采用不同的挑选方法。

1. 选购健康的五谷杂粮

（1）闻。优质的五谷杂粮会有一种特有的清香，人们通过嗅觉可以辨别出来。

（2）尝。优质的五谷杂粮放在嘴里生吃时不会有异味，而且容易被咬碎，舌头能尝到淀粉的味道。

（3）抓。优质的五谷杂粮经过手的反复抓取后，能够清晰地感觉到五谷杂粮的紧实、干燥，而且一般可以看到手上有白色物质出现，这是"整容"的五谷杂粮不具备的。

（4）冲。优质的五谷杂粮经温水冲洗不会出现大量杂质，而劣质的五谷杂粮和一些"整容"的五谷杂粮冲泡后会在水中沉淀大量杂质，加入的油、蜡经水泡后也会现出原形。

2. 选购健康的蔬菜和水果

（1）不买颜色异常的蔬菜和水果。新鲜蔬菜和水果不是颜色越鲜艳越好，如购买萝卜时要检查萝卜是否掉色；发现干豆角的颜色比其他的鲜艳时要慎选。

（2）不买形状异常的蔬菜和水果。不新鲜的蔬菜和水果有萎蔫、干枯、损伤、病变等异常形态；有的蔬菜由于使用了激素物质，会出现畸形。

（3）不买有异常气味的蔬菜和水果。有些不法商贩为了使蔬菜和水果更好看，会选择价格低廉的化学药剂进行浸泡。这些物质有异味，而且不容易被冲洗掉。

3. 选购健康的肉制品

（1）看产品认证标志。生产企业是否获得食品生产许可证，有无"QS"标志或新的生产许可 SC 编号。

（2）看生产日期。越新鲜的产品口味越好，产品存放时间越长，氧化现象就越严重。

（3）看产品表面。要选择表面干爽的肉制品，表面不干爽的肉制品容易有细菌繁殖，腐败变质。

（4）看产品外观色泽。颜色过于鲜艳的肉制品有可能添加过量色素，不宜选购。

（5）看产品弹性。弹性好的肉制品质量好。

4. 选购健康的加工食品

（1）看外包装袋。购买食品要仔细查看食品外包装袋是否完整。

（2）看食品三期。所谓三期是指食品生产日期、保质期和保存期。选购食品时最好不要购买临近保质期的食品，因为如果购买的食品不能马上食用完，很容易超期变质。

（3）看是否是三无食品。三无就是无生产商、无生产地、无生产日期，这样的食品千万不要购买。

（4）看食品是否有质量认证 QS 标识或新的生产许可 SC 编号。第一批实行食品质量安全市场准入制度的是：大米、小麦粉、酱油、醋、食用植物油；第二批实行食品质量安全市场准入制度的是：肉制品、乳制品、饮料、味精、方便面、饼干、罐头食品、冷冻饮品、速冻面米食品、膨化食品；第三批实行食品质量安全市场准入制度的是：糖果制品、茶叶、葡萄酒、果酒、啤酒、黄酒、酱腌菜、蜜饯、炒货食品、蛋制品、可可制品、水产加工品、淀粉及淀粉制品。

（5）看食品经营环境。选购食品时尽量到大型商场、超市和质量信誉好的商店去，尽量不购买露天销售、经营条件差、感官性状发生变化的食品和地摊食品。

（6）购买裸装食品要注意食品是否新鲜、有无异味等。

（7）注意索要发票。购买食品的时候要索要发票，只有这样才能在所购食品出现质量问题时有理有据地进行维权。

5. 选购健康的进口食品

（1）从正规途径进口的食品都有中文（简体字）标签，标明食品名称、原产地、境内代理商的名称、地址、联系方式、净含量、生产日期、保质期等内容。

（2）进口食品经过国家出入境检验检疫部门的检验合格后方可在我国境内销售，因此从正规途径进口的食品均有国家出入境检验检疫部门的检验检疫合格证明，消费者可以向经营者索取。不要轻易购买没有中文标签，经营者又不能提供来源证明、检验合格证明的所谓"进口食品"。

2　有效清洗，消除家庭食品安全隐患的常用方法

现在大多数食品在种植、养殖中都使用农药等化学物质，在清洗食材时要费一番工夫，这样才能有效降低食品中残留农药的危害。

一般来说，减少农药残留的常见清洗方法有以下 5 种。

1. 用清水浸泡，流动水冲洗

对于一般的常见果蔬，可以先在清水中浸泡 15 分钟，然后用流动水冲洗几遍，便能有效去除果蔬表面残留的农药。

2. 用食用碱清洗

由于农药偏酸性，所以在清洗果蔬时适当加入食用碱，浸泡 5 分钟，然后再用清水漂洗几遍，就能有效中和农药的酸性，从而消除农药残留。

3. 用淘米水清洗

目前，在果蔬种植过程中，果农、菜农大多使用有机磷农药和氯基甲酸脂类农药，这些农药遇到碱性溶液一般会迅速失去大部分毒性。淘米水呈弱碱性，且有粘黏性，把果蔬放入其中浸泡 5 分钟，之后用清水漂洗干净，可以有效消除果蔬表面的农药残留和其他有害物质。

4. 用面粉洗

面粉有一定的吸附污物作用，在清洗果蔬时放入一小把面粉来回筛洗，可以利用面粉的黏性将泥污和农药残留等有害物质有效带下，之后再用流动水冲洗干净即可。这种方法一般用来清洗葡萄，其他不去皮食用的瓜果类也可以使用，但是叶类蔬菜不宜尝试。

5. 适当使用果蔬洗涤剂

果蔬洗涤剂对去除农药残留的作用有限，如果使用超量或过于频繁会造成二次污染，因此用果蔬洗涤剂清洗水果时，每次使用量要少，浸泡时间不能超过 10 分钟，而且浸泡后一定要用流动水彻底冲洗干净。

3　多样烹调，比一比哪种方式更健康

经过挑选、清洗之后，食品上的农药残留等有害物质已经去除了大部分，再通过健康烹调，可以让食材吃起来更加健康，进一步降低家庭食品安全的风险。

日常饮食中，烹调方式五花八门，比较常见的有以下 10 种。

1. 炒

炒是指锅内放油，油烧热，下生料炒熟。一般用旺火快炒，以减少食材中维生素的损失。如果炒肉，则用中火，能够延长烹调时间，让肉更加安全、健康。

2. 爆

爆就是急、速、烈的意思，加热时间极短，烹制出的菜肴脆嫩鲜爽。主要用于烹制脆性、韧性原料，如猪肚、鸡肉、羊肉等。

3. 熘

熘需要两步完成。第一步是将挂糊或上浆的原料用中等油温炸熟或用开水汆熟；第二步是将芡汁调料等放入锅内，倒入炸好或汆好的原料，旺火、快速翻炒出锅，具有香脆、鲜嫩、滑软等特点。

4. 炸

炸是一种旺火、多油、无汁，将主料挂糊或不挂糊下热油锅，由生炸熟的方法，具有外焦里嫩的特点。

5. 煎

煎是烧热锅具，倒入少许油，将食材平摊在锅中，利用慢火热油使食

物变熟，并使其表面呈金黄色的一种烹调方法，一般容易产生较大的油烟。

6. 蒸

蒸是将处理完的食材放入碗中，加入调料搭配好之后，再放入锅中隔水用水蒸气加热烹熟的一种方法，特点是油烟少或没有油烟。

7. 煮

煮是将食材处理完成，放入锅中，加水或汤武火煮沸，转文火慢慢烹熟的一种方法，所需时间比较长，但一般汤汁浓郁，味道较好。

8. 炖

炖是先将食材切块煸炒，然后兑入汤汁，用文火慢煮的一种方法。特点是有汤有菜，菜软烂，汤清香。

9. 烤

烤是将加工处理好或腌渍入味的原料置于烤具内部，用明火、暗火等产生的热辐射进行加热的一种烹调方法。原料经烘烤后，表层水分散发，会产生松脆的表皮和焦香的滋味。

10. 拌

拌是把生料或熟料切成丝、条、片、块等，再加上调料搅拌而成的一种烹调方法。其中尤其要注意的是生吃，如果食材清洗不到位，又没有经过焯水处理的话，很可能残留有害物质，所以如果是生吃，前期处理一定要到位。

总而言之，与煎、炸、烧烤或生吃等方式相比，蒸、煮、炖、炒等温和处理食物的烹调方式更可取，更安全健康。因为蒸、煮和炖的烹调温度在100℃左右，既可以杀死致病菌、寄生虫等病原，又可以使蛋白质充分变性，容易消化、吸收，同时对维生素的破坏较轻，对于农药残留等有害物质也有一定的分解作用。对于家庭烹调来说，还意味着油烟较少，不污染室内空气，一举多得。普通炒菜的温度大约在 150℃ 左右，也低于油炸或烧烤。但爆炒或油冒烟甚至燃烧时，温度比油炸有过之而无不及，对烹调油和食材营养的破坏都很严重，并不可取。

除此之外，不同种类的食品还有不同的去除农药残留或有害物质的方法，比如叶类蔬菜在经过挑选、清洗步骤之后，还可以放入沸水中焯 30 秒左右，然后捞出炒菜，这样可以溶于水的有害物质便会溶解在要倒掉的水中，降低叶类蔬菜的农药残留。

4　其他处理方法，为食品安全"添砖加瓦"

日常生活中，蔬菜、水果、肉类、五谷杂粮以及加工食品等的处理方法是多种多样的。因此除了之前所讲的内容之外，还有很多其他处理方法可以消除农药残留和其他有害物质，为食品安全"添砖加瓦"。

1. 去皮

对根茎类蔬菜和大多数水果来说，去皮是比较好的清除农药残留的方法，因为外表不平或多毛的根茎类蔬菜和水果表面农药量相对比较多，食用前用清水冲洗再去皮，既能去除农药残留，又能避免表皮残留的农药污染手和刀具，造成二次污染。除此之外，鱼类也要刮鱼鳞，等同于去皮，可以有效去除鱼鳞缝隙中残留的有害物质。

2. 烫皮

烫皮是把食材放在热水中浸泡一下，使外皮更容易被去除或清洗的一种方法，一般用来处理瓜果。经过烫皮处理的瓜果，可以去掉其表面的农药残留，比如杀菌剂、杀虫剂等。

3. 焯水

焯水就是将初步加工的原料放在沸水中加热至半熟或全熟，取出以备进一步烹调或调味的一种方法。一般用于烹调凉拌菜，不仅对菜肴的色、香、味起着关键作用，而且还能有效去除蔬菜或者部分加工食品的涩味、色素等。此外，把加工食品放入沸水中焯2~3分钟，可以减少亚硝酸钠等添加剂含量。

4. 撇去浮沫

在焯水、炖煮肉类的过程中，沸水表面会浮起一些泡沫，这些泡沫中含有不少杂质，比如油脂、抗菌性物质、雌激素等，将其撇去可以有效减少这些物质的残留。

5. 搓压

搓压适合黄瓜、萝卜等经常用来腌制的蔬菜，洗净后放在案板上撒盐揉搓，可以破坏这类蔬菜的表皮，让盐将蔬菜表皮下的水分析出，同时也顺带着把渗入蔬菜的农药、硝酸盐等有害物质析出来，达到降低农药残留和有害物质残留的目的。

6. 去血水

去血水就是将肉类、动物内脏等食品中的瘀血清理干净的一种方法。去除时把肉放在浓度约2%的盐水中，用手不断揉洗，等水变浑浊后再更换新的盐水，如此重复至盐水变清为止。瘀血清除之后，通过血液输送到肉类、动物内脏中的有害物质也会一并被去除。

7. 挑去背肠线

挑去背肠线适用于虾类。虾类背部壳下有一条黑色的线状肠管，里面有泥沙，烹调前将其去掉，可以有效去除背肠线中可能存在的有机汞等有害残留。

8. 放置一段时间

某些农药在存放过程中会随着时间缓慢地分解为对人体无害的物质，因此对于那些能长时间存放的蔬菜来说，买回后放置3~5天，然后用食用碱清洗几遍再食用，便能最大程度地减少农药残留。

五谷杂粮在饮食中占据主要部分，因此在买、洗、烹的过程中学
会避开陷阱，才能保障主食的安全。

Part 3
五谷杂粮，
一定要挑对洗净再下锅

1　小麦面粉特别白，一定要警惕增白剂

小麦是小麦系植物的统称，其颖果是我们的日常主食之一，磨成面粉后可以制成面包、馒头、饼干、面条等食物，饱腹充饥，营养丰富。

安全隐患

1. 农药残留

小麦的农药残留一般在麦壳、种皮中，如果种植过程中使用农药超标，磨成面粉后仍然会残留一部分，长期摄入容易造成肥胖，可能引发内分泌失调，影响肠胃功能等。

2. 面粉增白剂

面粉增白剂的主要有效成分是过氧化苯甲酰，可以漂白面粉，让面粉变得白净漂亮，不生虫子，同时加快面粉的后熟。不过随后发现，过氧化苯甲酰会破坏面粉的营养成分，并损害肝脏，因此国家于 2011 年禁止在面粉中添加过氧化苯甲酰、过氧化钙等添加剂。

3. 吊白块

吊白块属于工业漂白剂，学名甲醛合次硫酸氢钠，色白味小，添加在面粉中不容易被发现，但是它是一种强致癌物质，对人体的肺、肝脏和肾脏损害极大，是国家明文规定严禁在食品加工中使用的物质。

|这|样|挑|选|更|安|全|

1. 看颜色

符合标准的特制粉，色泽白净，粉质细洁；标准粉为乳白色或淡黄色；质量差的面粉色泽稍微深一些。如果颜色纯白或发暗可能是过量使用增白剂的缘故。

2. 闻气味

质量好的面粉气味正常，略带香甜味；质量差的面粉有酸、臭、霉等异常气味。使用增白剂、吊白块的面粉，会破坏小麦原有的香气，涩而无味，甚至会带有少许化学药品的气味。

3. 触摸

用手抓一把面粉使劲捏，松手后若面粉随之散开，说明是水分正常的好面粉；若不散开，有一定结块现象，说明面粉水分偏多。另外，手感绵软的面粉质量好，过分光滑的面粉质量差。

4. 看包装

看外包装是否标明厂名、厂址、生产日期、保质期、质量等级等内容，最好选择标明不加增白剂的面粉；看包装封口线是否有拆开重新使用的痕迹，若有可能为假冒产品。

|这|样|清|洗|很|干|净|

由于面粉无法通过清洗的方法去除农药残留以及过量或非法添加剂，所以最需要的便是在挑选上把好关，掌握挑选原则自然能选到优质、安全的面粉。

这样烹调才健康

　　面粉常用来做馒头、包子、面条、油条、面包等面食食用，其中馒头、包子、面条是比较健康的食用方法，油条、面包等则要注意食品添加剂的问题。比如油条中容易被添加明矾，可以让油条蓬松，提升卖相、口感，但是却容易引起脑科疾病，因此添加明矾的油条 1 周食用量最好不要超过 3 次。面包当中添加的食品添加剂会更多，因此购买面包要挑选质量有保障的商家，而且也最好不要多吃。

　　除此之外，无论哪种烹调方法，发霉、变质的面粉千万不要食用；糖尿病患者、高血压和肥胖人群也应减少面粉的摄入量。

2　大米掺假或有毒，仔细挑选重清洗

大米，又称"稻米"，是稻谷经清理、砻谷、碾米、成品整理等工序后制成的成品，国内主要有籼米、粳米、糯米三种，富含多种营养元素，是我们的日常主食之一。在市场上，有各种类型、品种的大米，其中掺杂着毒大米、染色大米等，对人体健康有很大的影响，因此一定要学会鉴别，为自己的健康负责。

安全隐患

1. 农药残留

大米的农药残留情况比较少见，因为稻谷外有一层稻壳，使其多了一道保护膜，能起到防护作用。如果有少许农药残留，一般也可以通过清洗、烹调去掉。

2. 毒大米

毒大米是不法商家把陈米反复研磨后，掺进非法添加剂，如工业原料白蜡油、吊白块等混合而成的一种看上去色泽透明，卖相好的"新米"。这种大米除了具有陈米中曲黄霉毒素的毒性之外，还有白蜡油、吊白块的毒性，长期食用容易引起乏力、恶心、头晕、头疼等一系列中毒症状。

3. 染色大米

除了漂白的大米之外，还有"竹香米""胡萝卜素米"等用柠檬黄、亮黄等人工色素染制而成的彩色米。这些大米含有大剂量的人工色素，长期食用可能危害健康，尤其是容易损伤儿童智力。

|这|样|挑|选|更|安|全|

1. 看颜色

新鲜的大米色泽乳白呈半透明，粒型整齐，粒面光滑有光泽，有轻微垩白（粒面上的白斑），有的米粒留有黄色胚芽是正常情况。陈米及劣质米一般色泽发黄，粒面无光泽，有糠粉，碎米多，垩白多，粒面有一条或多条裂纹（俗称爆腰粒）。

2. 闻味道

抓一把米闻味道，新鲜的大米有正常的清香气味，陈米无气味或有糠粉味，劣质大米则有轻微霉味。

3. 触摸

购买时，抓一把米捏一下，新鲜的大米手感光滑，手插入米袋后拿出不挂粉；劣质大米则手感发滞，手插入米袋后拿出挂有糠粉。

4. 品尝

购买时取几粒大米放入口中细嚼，新米有新鲜稻谷的清香气味，陈米或劣质米则无味道或有轻微异味。好米米质坚实，劣质米发粉易碎。

5. 用水泡

如果还是不确定是不是好米，可以把买回来的大米用水泡一下，浸泡后米粒发白的是好米，米粒裂纹多的是劣质米。也可以把大米放在透明玻璃板上，在光线充足处观察大米是否有裂纹粒。

|这|样|清|洗|很|干|净|

经过挑选将毒大米、染色大米排除在外之后，大米中的主要有害物质就剩下农药残留了，容易积累在稻壳和米糠中，经过碾制成米之后，其实已经去除了大部分农药残留，但是在烹调之前，可以用流动水再淘洗2次，去掉约60%的农药残留，之后放入盆中，加水浸泡，夏季浸泡30分钟，冬天浸泡1~1.5小时，进一步去掉农药残留。煮饭时将浸泡大米的水倒掉，加入新的水即可。

这样烹调才健康

大米煮或蒸比较健康。如果用来煮粥的话，可以预先把清洗后的大米浸泡一夜，这样更容易煮软，不过泡米的水一定不能扔掉，要下锅一起煮，这样才能保留营养。用开水煮粥，可以让自来水中的氯气挥发掉，减少对维生素 B_1 的破坏作用，煮出来的粥口感更好，营养更丰富。煮粥绝对不要加碱，否则会破坏维生素 B_1、维生素 B_2 和叶酸。

除此之外，可以添加其他食材，让大米烹调更营养、健康。比如大米栗子粥健脾养胃、壮筋骨；大米菠菜粥益气健脾、通血脉；大米山药粥健脾益胃、助消化；大米白萝卜粥止咳化痰、利膈止渴、消肿除胀；大米银耳粥滋阴润肺、生津；大米小米粥营养互补、提高营养价值等。

需要注意，大米与蜂蜜同食会胃痛；与赤豆同煮吃多了会生口疮；精米加工会损失大量营养，长期食用容易导致营养缺乏。

3 小米可能被染色，一定要慎重挑选

小米原产我国，约有八千多年的栽培历史。最为有名和最好的小米应属河南洛阳伊川吕店一带所产的小米。小米营养价值很高，含蛋白质9.2% ~ 14.7%，脂肪3.0% ~4.6%，除食用外，还可以用来酿酒、制糖等。

安全隐患

染色小米

小米一般很少有农药残留的问题，反而比较多染色小米，即非法加入添加剂的问题。在小米售卖过程中，不良商家为了牟利，会对质量差、存放时间长的陈米或发霉的小米漂洗后用黄色素进行染色，使原本失去食用价值、具有毒素的小米变成色泽艳黄的"新米"，蒙骗消费者。如果人们长期食用这种染色小米，容易损害胃肠道，并容易致癌。那么，该如何鉴别小米有没有染色，保证买到安全的小米呢？

我们可以取几粒小米放在雪白的餐巾纸上，用嘴向小米哈气，使其湿润，然后把小米包起来搓动几下，再打开餐巾纸看看，如果餐巾纸被染上颜色了，这种小米毫无疑问就是染色小米。也可以把小米放在手心里哈湿，反复揉搓一会，如果手心里残留有黄色就是染色的。或者取一把小米放入碗中，加水浸泡一段时间，清水很快变成浑浊的黄色，小米有明显的掉色现象，也可以判定为染色小米。

这样挑选更安全

1. 看颜色

优质小米米粒大小、颜色均匀，呈乳白色、黄色或金黄色，有光泽，很少有碎米，无虫，无杂质。颜色格外鲜黄的小米有可能是染色小米。

2. 闻味道

优质小米闻起来具有清香味，无其他异味。严重变质的小米手捻易成粉状，碎米多，闻起来微有霉变味、酸臭味、腐败味或其他不正常的气味。

3. 品尝

优质小米尝起来味佳，微甜，无任何异味。劣质小米尝起来无味，微有苦味、涩味及其他不好的滋味。

这样清洗很干净

小米最好用流动水冲洗掉表面浮尘，之后放入清水中浸泡5分钟，用手淘洗，把漂在水面的米粒和其他杂质一并去除后，再次冲洗即可。

这样烹调才健康

小米可以熬粥、磨粉等食用。可以单独熬粥，也可以加入大枣、赤豆、红薯、莲子、百合、肉类等食品熬成风味各异的营养粥品。磨成粉可以制作糕点，美味可口且富有营养。一般来说，小米加红糖煮粥有益气补血、健脾益胃、补虚损等功效；小米与肉类、黄豆熬粥可以提高蛋白质吸收率；小米桑葚粥可以保护心血管健康等。

　　虽然一般人群均可食用小米，老人、患者、产妇尤宜食用，但是气滞、素体虚寒、小便清长者最好少吃。除此之外，小米要避免与杏、杏仁、虾皮、醋等同食。与杏同食，小米中的磷等矿物质容易与杏中的果酸结合，产生不易消化的物质，导致呕吐、腹泻；与杏仁同食容易导致腹泻；与虾皮同食容易致人恶心；与醋同食容易破坏小米中的类胡萝卜素，降低营养价值。

4　玉米香到不正常，有可能是香精在作怪

玉米是我国第一大粮食作物。中医学认为玉米开胃、健脾、除湿、利尿，营养学家认为玉米营养丰富，富含钙、磷、镁、铁、硒等多种矿物质和维生素及膳食纤维，是防"三高"、最"刮油"的八种食物之一。现在市场上主要的玉米有四种——甜玉米、黏玉米、水果玉米和普通玉米。

安全隐患

香精玉米

玉米因为有苞叶包裹，多了一重保护，所以很少有农药残留的问题，更多的是添加香精这种人造香料的问题。香精可以提升香味，提亮色泽，所含的有机物对细菌有抑制作用，使玉米久煮不馊。不过根据国家《GB 2760–2011 食品添加剂使用标准》，玉米作为原粮，不得添加任何香精和食品添加剂。所以遇到久煮不馊，甜味、香味浓郁的玉米，为了身体健康，一定要引起警惕。

这样挑选更安全

1. 看品种

我们经常食用的玉米有甜玉米和黏玉米，在挑选时需要注意，真正的甜玉米是颗粒整齐、表面光滑、平整的明黄色玉米，普通黄色玉米则排列不规整，颗粒凸凹不平；真正的黏玉米，是颗粒整齐、表面光滑、平整的

白色玉米，而普通的白色玉米则排列不规整，玉米颗粒凸凹不平。

2. 看老嫩

颗粒均匀、叶子嫩绿、玉米捏起来比较软的是新鲜的嫩玉米。同一批次的玉米，尽量挑选颗粒小的玉米。老玉米捏起来比较硬，叶子发黄，颗粒有些发瘪。同一批次的玉米，颗粒越大，玉米越老。

3. 看颗粒

挑选时观察玉米的尖部，尖部颗粒非常小或秃尖的玉米，大多营养不足，不宜选购。

4. 闻味道

把玉米拿起来闻一下，如果有酸臭味，说明玉米已经变质。

5. 看煮制

正常的玉米煮制之后颜色自然，黄玉米呈淡黄色，玉米粒表面有时会出现细小褶皱，闻起来清香，舔玉米粒表面没有明显甜味，吃起来爽口。加香精的玉米煮制之后颜色明显变亮，黄玉米呈亮黄色，玉米粒看上去很饱满，舔玉米粒表面有明显的甜味，吃起来口感非常一般。

除此之外，玉米还多制成玉米面，挑选时，抓一小把玉米面放入手中反复捻搓几下，然后轻轻抖落玉米面，若玉米面落光后还有细粉面状或浅黄或深黄的东西，很有可能是掺了色素，不宜选购。

这样清洗很干净

买回来的新鲜玉米去皮、须，撒盐，用流动水冲洗干净即可。不要在水中浸泡过长时间，否则玉米里的维生素会有所损失，使营养价值降低，而且万一有农药残留，溶解于水的农药还有可能会反渗入玉米中，造成二次污染。

|这|样|烹|调|才|健|康|

　　玉米用水煮、煮粥、炒、蒸等食用方法比较健康。一般情况下，玉米粒拌草莓可以防黑斑、雀斑；玉米炒松子可以辅助治疗脾肺气虚、干咳少痰、皮肤干燥；玉米炒洋葱可以生津止渴、降血压、降血脂、抗衰老；玉米炖山药可以促进营养吸收；玉米炒鸡蛋可以预防胆固醇过高；玉米发糕可以增加膳食纤维摄入量等。

　　不过，缺钙、铁等元素的人群，患消化系统疾病的人群，胃肠功能差的人群等，无论何种烹调方式，都应该少吃玉米，如果是特别嫩的玉米还可以考虑，否则其中的植酸和食物纤维很难被消化，会阻碍人体对矿物质的吸收，对胃肠形成较大的负担。

5　紫米是米中极品，仔细选出质量上乘的

紫米是特种稻米的一种，素有"米中极品"之称，有皮紫内白非糯性和表里皆紫糯性两种。紫米富含赖氨酸、色氨酸、维生素 B_1、维生素 B_2、叶酸、蛋白质、脂肪以及铁、锌、钙、磷等多种人体所需营养元素。中医学认为，紫米有补血益气、暖脾胃的功效，对于防治胃寒痛、消渴、夜尿频密、神经衰弱等有效。

安全隐患

劣质、染色紫米

不法商贩为了牟利，用劣质黑米冒充紫米，或者用色素将大米染色冒充紫米，食用后都会对人体健康造成一定的损害。尤其是用色素染成的紫米，如果用的色素是经国家批准的食用色素，使用量和使用范围都符合国家标准，对健康不会造成什么损伤，最多是买到了假冒伪劣的紫米，但是如果是用了价格便宜、劣质的染色剂，则会给身体健康带来不可控的伤害。

这样挑选更安全

1. 看外观

纯正的紫米米粒细长，颗粒饱满均匀。外观色泽呈紫白色或紫白色夹小紫色块。用水洗涤水色呈紫色或紫黑色。假的紫米颜色暗，且内外颜色

一致。

2. 闻味道

抓一把紫米，对其哈口气再放到鼻子前闻一下，真紫米有米香味，假的则无米香味。

3. 用手搓

抓一把紫米用手搓，真紫米不掉色，假紫米会掉色。

4. 对光看

防止用劣质黑米冒充紫米，拿起几粒米对着灯光或阳光看，紫米泛红光，黑米发黑不透光。

5. 切开看

紫米有皮紫内白非糯性和表里皆紫糯性两种。糯性米切面白、不透明，非糯性米切面无色、透明。但是假的紫米有可能整体都是色素的紫色。

6. 用醋试

在白色纸巾上各放上一粒紫米，将白醋滴在紫米上，等上数分钟后，白色纸巾上出现紫红色的紫米即是真的，而无颜色变化的紫米则是假紫米。真正的好紫米出现的紫红色最明显。之所以有这种现象是因为紫米的种皮和糊粉层含有花青素，花青素遇到白醋后会变成紫红色。而染色的紫米不含有花青素，因此，假紫米在颜色上不会有丝毫变化。

这样清洗很干净

紫米仅外皮呈紫色，搓洗易掉色，因此清洗时不要搓，用流动水冲洗干净即可。

|这|样|烹|调|才|健|康|

　　紫米用来煮粥、煮饭、做甜点食用比较健康。不过在烹调紫米前，应该将其冲洗干净后浸泡一夜再煮，因为紫米的米粒外部有一层坚韧的种皮包裹，不易煮烂。而且要充分煮熟，否则大多数营养元素无法溶出。多食未煮熟的紫米容易引起急性肠胃炎，对消化功能较弱的儿童和老弱病者更是如此。因此，尤为适合食用紫米的脾胃虚弱、体虚乏力、贫血失血、心悸气短、咳嗽喘逆等人群，一定要充分煮熟后再食用，否则会加重身体不适。

6　黑米染色损健康，挑选清洗来帮忙

　　黑米呈黑色或黑褐色，是稻米中的珍贵品种，属于糯米类。熬制成粥食用软糯适口，营养丰富，具有滋阴补肾、健脾暖肝、明目活血等功效，食用、药用价值都很高，素有"黑珍珠""长寿米""世界米中之王"等美誉。而且据现代研究表明，天然黑米中的紫黑色素可以对人的心脏、心血管起保护作用，所以平时可以常用黑米煮粥来吃。

安全隐患

　　1. 染色黑米

　　黑米价格较大米要贵，所以有的黑心商贩会用色素将大米染黑，伪装成黑米销售，以此来提高价格。但是这种色素并不一定符合国家法律法规或不一定能在规定的范围内使用，所以存在安全隐患。

　　2. 翻新黑米

　　劣质、霉变黑米通过涂矿物油、染色等方法翻新，以此来提高销售量，但是食用这样的黑米不利于健康。

这样挑选更安全

　　1. 看表皮

　　正常的黑米表皮层有光泽，米粒大小均匀，用手抠下的是片状物，碎

米少；劣质的黑米无光泽，用手抠下的是粉状物，碎米多。

2. 看米芯

用手指将米粒外皮刮掉，若内部是白色且有光泽，说明是好米；若不是白色，则很可能是被染色了，不宜选购。

3. 闻气味

取少量黑米哈口热气，然后立即闻味，好的黑米有正常的清香味，无异味；劣质黑米会微有异味或霉变、酸臭、腐败等不正常的气味。

4. 触摸

用手触摸黑米，若有滑爽的感觉或在手中握一会儿有发黏的感觉，则说明黑米被涂了矿物油。

5. 尝味道

取少量黑米放入口中细嚼，或磨碎后品尝，优质黑米味佳，微甜，无任何异味；劣质黑米味道差，可能有苦、涩等异味。

6. 看泡米水

用白醋泡少量黑米，等几分钟水如果变成类似红酒的颜色，说明是好米；如果泡出的黑米水黑得像墨汁一样，那就是不好的黑米。需要注意的是，如果是使用化学合成色素染色的黑米，因色素不溶于水、染色牢固，在用冷水淘米时反而不会使淘米水变色。

这样清洗很干净

可以用流动水淘洗 2 次，之后放入盆中加水浸泡 2 小时左右，把浮起的米粒、杂质去掉，重新加水浸泡一夜即可煮粥。

|这|样|烹|调|才|健|康|

黑米一般煮粥食用比较健康，不过其种皮坚韧，不易煮烂，所以应该先浸泡一夜，再小火慢煮至熟烂方可食用。很多粥品可供选择，黑米莲子粥可以补肝益肾、丰肌润发；黑米大米粥可以开胃益中、明目；黑米燕麦粥可以降胆固醇、延缓衰老；黑米绿豆粥可以健脾胃、去暑热；黑米牛奶粥可以益气、补血、生津、健脾胃；黑米生姜粥可以降胃火。

不过，黑米同紫米一样，不适合消化功能弱的人食用；黑米所含的铜比大米高 1~3 倍，不适合肝豆状核变性患者及高铜患者食用；服用四环素类药物时禁忌食用黑米，否则容易形成不溶性螯合物，影响四环素类药物的吸收而降低疗效。

黑米所含营养成分多聚集在黑色皮层，故不宜精加工，以食用糙米或标准三等米为宜。

7　薏米营养功效多，鉴别真假会烹调

薏米是禾本科植物薏苡的种仁，既可食用，又可药用，被誉为"世界禾本科植物之王"，有防癌抗癌等功效。而且薏米很容易被消化、吸收，无论用于滋补还是预防保健，作用都很缓和，对身体极为有益。

安全隐患

1. 草珠子冒充薏米

草珠子是薏米属植物野生薏米的产籽，与薏米颇为相似，不法商贩会将其混入薏米中一块销售，以此来降低成本，但是草珠子容易导致腹泻，所以一定要注意。

2. 硫黄熏薏米

为了提高薏米的品相，不法商贩会用硫黄对其进行熏制，经过硫黄熏制的薏米颜色统一、白净，一眼望过去非常好看，无形中增加销量，但是硫黄有一定毒性，长期食用对身体健康有一定影响。

这样挑选更安全

1. 看色泽

挑选时要看薏米是否有光泽，有光泽的薏米颗粒饱满，这样的薏米成熟得比较好，营养也较高。

2. 看颜色

好的薏米颜色一般呈白色或黄白色，色泽均匀，带点粉性，非常好看。如果颜色特别白的，可能是用硫黄熏过的，不宜选购。

3. 闻味道

购买薏米时最好闻一下味道。因为放置时间太长的薏米不仅会有一股霉变的味道，而且其甘味会大大减少。

4. 尝味道

薏米味道微甜，有黏度，尝起来有些粘牙，草珠子则没有这种特质。

这样清洗很干净

薏米先用凉水冲洗，然后加水浸泡 30 分钟，之后倒掉水再冲洗一遍即可。如果怀疑是被硫黄熏过的薏米，可以用苏打水浸泡，再用温热的水浸泡漂洗，然后再烹煮食用，这样可以在一定程度上去除硫黄等有害残留，降低其危害，但是也不宜多吃。

这样烹调才健康

薏米一般用来煮粥食用，因为其较难煮熟，在煮之前需要以温水浸泡 2 ~ 3 小时，让它充分吸收水分、变软，这样再与相宜食材搭配才比较健康。比如，薏米与莲子、大枣、百合、芡实等同食可以健脾止泻、滋阴润肺；与白果同煮可以健脾除湿、清热排脓；与香菇煮粥可以理气化痰；与赤豆煮粥可以健脾除湿，有消水肿的功效。

不过，便秘、尿多者，消化功能较弱的老弱病者，儿童以及孕早期的女性不宜食用薏米。

8　赤豆挑选有四步，多加小心保健康

赤豆是一年生、直立或缠绕草本植物赤豆的种仁，富含蛋白质、糖类、粗纤维、脂肪和钙、磷、铁等多种营养元素。中医学认为，赤豆具有利水消肿、排毒解脓等功效，是既可食用、又可药用的上佳食材。

安全隐患

翻新、染色赤豆

赤豆霉变或者质量不好不易销售，所以有些不良商贩为了降低损失，提高销量，会想方设法对其进行"翻新"，比如用价格低廉的合成色素对其进行染色，这样原本卖不出去的赤豆就变成质量上乘的赤豆了。但是霉变翻新的赤豆本身有致癌风险，加上合成色素，就更容易损害身体健康了。

这样挑选更安全

1. 看颜色

颜色越红的赤豆，口感和味道越好。要注意的是，生的赤豆是不变色的，如果在清洗时掉色，估计是上了色素的，这样的赤豆要避免购买和食用。

2. 闻味道

购买的时候最好仔细闻闻赤豆的味道，看其是否有刺激性的化学气味。若有，也说明是上了色素的。

3. 看大小

颗粒完整，大小均匀的赤豆品质较好，过小的发育不良，过大的可能在生长过程中受到激素或农药的影响，也不宜选购。

4. 看豆皮

皮薄的赤豆品质较好，因为赤豆的皮越薄，其含铁量就越高，营养也越丰富。

这样清洗很干净

通过挑选排除添加了色素的赤豆之后，赤豆基本上存在的问题就是浮尘、有虫蛀等，所以用流动水淘洗 2 遍，去掉因虫蛀而漂起的质量较轻的赤豆和浮尘之后，用清水浸泡即可。

这样烹调才健康

赤豆一般煮粥、熬汤食用比较健康，因为赤豆比较难以煮烂，所以在煮粥、熬汤前先用清水浸泡一夜使其变软，再彻底煮至熟烂才比较容易消化。除此之外，赤豆还可以蒸熟之后做成赤豆沙、赤豆糕食用。

赤豆与糯米煮粥可以改善脾虚腹泻、水肿；与鲤鱼煮汤可以消水肿；与冬瓜炖汤可以增强去除水肿的功效。不过赤豆不宜与羊肉同食，因为赤豆有利尿消肿的作用，羊肉有温补作用，同食容易抵消功效；尿多者、阴虚无湿热者不宜食用。

9　绿豆排毒又祛暑，质量好的才有效

绿豆是家中常备的食物，性味甘凉，有清热解毒之功效，营养价值也很高。常吃绿豆可以起到消暑、开胃、美容等效果，外用还可以清洁皮肤，改善皮肤的干燥问题，维持皮肤弹力。

安 全 隐 患

有毒绿豆

　　有毒绿豆一般是指农药残留超标、用化学方法翻新的霉变绿豆等，这种类型的绿豆不仅发挥不了其原本的营养功效，还会发生毒副作用，危害人体健康。

这样挑选更安全

1. 看外观

优质绿豆外皮蜡质，子粒饱满、均匀，很少破碎，无虫，不含杂质。次质、劣质绿豆色泽暗淡，子粒大小不均，饱满度差，破碎多，有虫，有杂质。

2. 闻味道

向绿豆哈一口热气，然后立即嗅气味。优质绿豆具有正常的清香味，

无其他异味。微有异味或有霉变味等不正常气味的为次质、劣质绿豆。

|这|样|清|洗|很|干|净|

绿豆先用流动水冲洗干净，再放入25℃~30℃的水中浸泡4小时左右即可烹调。

|这|样|烹|调|才|健|康|

绿豆一般煮汤食用比较健康，煮汤时把之前浸泡的绿豆和水一起倒入锅中。为了避免绿豆中的有机酸和维生素遭到破坏，降低清热解毒的功效，所以绿豆不宜煮得过烂，以绿豆煮至开花为度。这个度一定要掌握好，未煮烂的绿豆腥味强烈，食用后容易导致恶心、呕吐。

一般情况下，绿豆与燕麦同煮可以控制血糖含量；与豇豆同煮可以清热解毒；与南瓜同煮具有日常保健作用。不过绿豆性寒凉，为了尽可能地健康食用，素体阳虚、脾胃虚寒、泄泻者慎食。

10　染色黑豆要避开，正确挑选很重要

中医学历来认为，黑豆为肾之谷，具有健脾利水、消肿下气、滋肾阴、润肺燥、活血解毒、止盗汗、乌发黑发以及延年益寿等功效。现代药理研究证实，黑豆除含有丰富的蛋白质、卵磷脂、脂肪以及维生素外，还含有黑色素及烟酸，是药食两用的佳品。

安全隐患

翻新、染色黑豆

与黄豆相比，黑豆在价格上要贵不少，因此为了谋取利益，有些不法商家会用黄豆染色来冒充黑豆，经过染色的黑豆会残留合成色素的有害物质，危害人体健康。除此之外，还有不法商家对劣质黑豆进行再加工，以次充好，制成翻新黑豆再次贩卖，比单纯的染色黑豆造成的有害影响更严重。

这样挑选更安全

1. 看表面

正宗的黑豆，颗粒大小并不均匀，有大有小，颜色也并不是全黑的，而是有的呈墨黑，有的却是黑中泛红。经过染色的假冒黑豆，它的大小是

基本均匀的，色泽基本全是墨黑的。

2. 用水泡

把黑豆放入白醋中搅拌，如果白醋变成红色则是纯正的真黑豆，如果醋不变色则是假黑豆。黑豆遇白醋之所以变色是因为它的表面含有花青素，这种花青素遇到白醋会发生变色的化学反应。

这样清洗很干净

黑豆先用流动水冲洗干净，之后放入水中浸泡2小时，捞出即可。

这样烹调才健康

黑豆可以单独炒食、煮食、榨豆浆以及磨粉制作面点食用，也可以同其他相宜食材搭配食用，以此提高营养程度，做到健康与美味兼顾。比如黑豆加谷类煮粥，可以让氨基酸互补，营养更全面；黑豆红枣煮汤可以补肾补血；黑豆红糖汤可以滋补肝肾、活血行经；黑豆炖鲤鱼可以滋阴补肾、祛湿利水、消肿下气、补血催乳；黑豆薏米煮汤可以补血益气、改善面色。

除此之外，黑豆还可以炸油、制酱、制豉、制豆腐等食用，相对来说也比较健康。但需要注意的是，黑豆不宜生吃，容易出现胀气；炒熟的黑豆不宜多吃，热性大，容易上火。

11　黑芝麻颜色黑得过头，染色的可能性大

黑芝麻为胡麻科芝麻的黑色种子，除富含脂肪和蛋白质外，还含有糖类、维生素 A、维生素 E、卵磷脂以及钙、铁、铬等多种营养成分，有健胃、保肝、促进红细胞生长的作用，同时还可以增加体内黑色素，有利于头发生长。

安全隐患

染色黑芝麻

黑芝麻营养价值高，产量少，一般比白芝麻的价格高，为了扩大利益，有些不法商贩便打起了把白芝麻染成黑芝麻的主意。常用的染色剂包括食品色素植物炭黑、墨汁或其他黑色物质，不经专业的检测无法得知到底是什么物质，会对身体造成什么样的损害，因此选购时要尽量避开染色的黑芝麻。

这样挑选更安全

1. 看表象

正常的黑芝麻颜色黑得深浅不一，经过染色的黑芝麻个个乌黑发亮，黑得特别均匀。

2. 用刀切

由于黑芝麻只有种皮是黑色的，胚乳部分仍是白色，所以可以用刀把黑芝麻切开，如果里面是白色的，说明是真正的黑芝麻，否则就是染色的黑芝麻。

3. 放手心

抓一小把黑芝麻放到手心里，如果手心很快变黑，则说明是染色的黑芝麻。

4. 用手绢或纸巾辨真伪

抓少许黑芝麻放在湿手绢或湿纸巾上揉搓，不掉色的为真正的黑芝麻。

5. 尝味道

真正的黑芝麻吃起来不苦，有轻微甜感，有香味。如果是染色的黑芝麻会有一种怪怪的机油味或不正常的味道，而且发苦。

6. 用水泡

黑芝麻皮上有天然的花青素，放在水里会慢慢地溶解出来，形成一种比较透明的、有点褐色的溶液。如果黑芝麻泡在水里，黑色一下子就出来，还一团乌黑，溶液不透明，这种现象肯定不正常，很有可能是芝麻上染了东西。

这样清洗很干净

黑芝麻比较小，不易清洗，所以可以取一大块纱布，摊在水盆里，把买回来的黑芝麻倒在纱布上，拣去泥沙和杂物，然后提起纱布四角，用绳子扎紧，放进水盆里揉搓、淘洗，换水清洗后连包带芝麻取出，摊开晾干即可。

|这|样|烹|调|才|健|康|

黑芝麻炒、煮、磨粉、制作糕点或者作为调料使用都比较健康。其中黑芝麻凉拌海带可以益寿养颜；黑芝麻蒸梨可以均衡营养；黑芝麻杏仁糊可以补脑益脑、改善睡眠；黑芝麻核桃糊可以补脑益脑、润肠通便；黑芝麻枸杞子粥可以补肝肾、降血脂；黑芝麻山药粥可以预防骨质疏松。

黑芝麻适合一般人群食用，尤其适合肝肾不足导致眩晕、眼花、视物不清、腰膝酸软、耳鸣耳聋、脱发、头发早白的人群食用，也适合习惯性便秘、贫血、高血压患者食用。不过，患有慢性肠炎、便溏腹泻者最好不要食用黑芝麻。因为黑芝麻有润肠通便的功效，吃了不利于康复。

蔬菜中容易残留农药、硝酸盐等有害物质，通过有效的挑选、清
洗和烹调，能让所谓的化学蔬菜消失在餐桌上。

Part 4

蔬菜如此买、洗、烹，

质量上乘隐患低

1 韭菜浑身是宝，喷了蓝矾好看却危害健康

　　韭菜又叫"起阳草"，其叶有补肾补阳的作用，根能散瘀，汁能抑制葡萄球菌、大肠埃希菌等的生长，堪称浑身是宝。而且现代研究表明，韭菜富含膳食纤维、胡萝卜素、维生素 C、叶酸、矿物质等多种营养元素，常吃有祛阴散寒、益肝肾、促进胃肠蠕动等多种功效。

安全隐患

　　1. 农药超标

　　韭菜的虫害是韭蛆，生活在地下专门咬食韭菜的根。一般喷洒农药对韭蛆无效，只能采用农药浇灌根部的方式。不少菜农杀灭韭蛆用的农药是甲拌磷，毒性较强，价格便宜，还能促进根系发育，有肥料的效果，让韭菜长得粗、颜色绿、叶子肥厚，外观很"健康"，但是这样的韭菜农药残留极易超标。

　　2. 蓝矾保鲜

　　韭菜容易发蔫，为了延长韭菜的保质期，让韭菜看起来卖相更好，商贩一般会喷些水让韭菜保持新鲜。但是其中有些不法商贩会往韭菜上喷蓝矾使韭菜变得更加新鲜。蓝矾学名五水硫酸铜，易溶于水，价格便宜，用来做保鲜剂可以让韭菜更鲜亮翠绿，吸引消费者。但蓝矾的主要成分硫酸铜具有一定腐蚀性，吃多了容易刺激肠胃，引起呕吐、腹泻，危害肝肾等内脏健康。

这样挑选更安全

1. 看整体

韭菜有宽叶和细叶之分，宽叶韭菜叶色淡绿，纤维较少，口感较好；细叶韭菜叶片修长，叶色呈深绿色，纤维较多，口感虽不及宽叶但香味浓郁。挑选时均以韭叶新鲜、整齐、无黄叶、无虫眼的为好。

2. 看根

韭菜切口平整，根部呈白色，看起来透亮，说明含水分多，很新鲜；根部呈青色，说明韭菜比较老；如果韭菜叶子翠绿鲜亮，根部却发青，则要考虑喷了蓝矾的可能性。

3. 触摸

蓝矾喷在韭菜上，容易凝成蓝色粉末或小颗粒，买韭菜时用手触摸一下，如果摸到了蓝色的粉末、小颗粒，或者手变蓝了，则韭菜被喷蓝矾的可能性相当大。

4. 闻味道

买韭菜时凑近闻闻气味，正常的应该是韭菜的辛香味，喷了蓝矾的韭菜能闻出蓝矾中铜锈的味道，农药超标的韭菜有农药的刺激性气味。

这样清洗很干净

蓝矾与韭菜接触后，会发生化学反应，蓝矾中的铜离子会渗透到韭菜中，单用水洗，并不能将其去除干净，所以还是在购买的时候睁大眼睛为好。正常的韭菜可以先择干净，之后放在流动水下冲洗 5 分钟，然后用水漂洗几次，便可有效去除农药残留和有害物质，当然，如果能用沸水迅速焯一下更好。

|这|样|烹|调|才|健|康|

韭菜一般炒食、制馅包饺子食用比较健康，与相宜食材搭配效果更好。比如，韭菜炒墨鱼可以润肠通便；韭菜炒豆芽可以清热润肠；韭菜猪肉馅饺子营养均衡；韭菜炖牛奶可以温胃健脾；韭菜炒鸡蛋可以滋养肝肾、行气通便；韭菜炒河虾可以助阳固精。

不过，韭菜最好现做现切，因为韭菜遇空气以后味道会加重，所以烹调前再切比较好。此外，韭菜纤维多而粗糙，胃肠虚弱的人不宜多食。

2 芹菜菜梗短而粗，菜叶翠而少的最新鲜

芹菜是我们的餐桌常见菜，无论什么季节，我们总是能够吃到它。芹菜富含蛋白质、碳水化合物、胡萝卜素、B 族维生素以及钙、磷、铁、钠等营养元素，具有平肝清热、祛风利湿、除烦消肿、凉血止血、解毒宣肺、健胃利血、清肠利便、润肺止咳、降低血压、健脑镇静等功效。常吃芹菜，尤其是吃芹菜叶，对预防高血压、动脉硬化等都十分有益。

安全隐患

农药残留超标

芹菜在种植过程中为了防虫，会用氧乐果、克百威、毒死蜱等农药，可能导致农药残留超标，购买之后清洗不干净、食用过量等容易导致食物中毒。

这样挑选更安全

1. 看芹菜的根部颜色

新鲜芹菜的根部多以翠绿色为主，颜色很饱满。在挑选的时候，芹菜根部要以干净、颜色翠绿、无斑点为主要挑选准则。如果芹菜的根部出现少量的黄色，表明芹菜的存储时间稍久，欠新鲜了。

2. 看芹菜叶

正常的芹菜叶应该是与芹菜茎部一样的翠绿色。如果叶子发黄或者打蔫、不平整，说明这样的芹菜也是存放稍久的。

3. 看芹菜的粗细

芹菜的茎有粗有细，大多数人购买芹菜都是吃它的茎，所以挑选茎比较均匀，肉质较厚的为好。

4. 看芹菜的叶柄

叶柄以肥厚、清脆为主。一棵芹菜要有 4 个左右的叶柄，叶柄较直而且整齐的芹菜味道比较鲜美。

5. 闻芹菜的味道

好的芹菜会有很浓的芹菜味，离得很远就能闻见。因此挑选的时候可以将芹菜放在鼻子下面轻轻闻一下，看是否有芹菜特有的清香。如果味道很淡或有农药刺激性气味的话，不建议购买。

这样清洗很干净

清洗芹菜时可以先择去菜叶，用清水将芹菜外表的污物清洗干净，然后放入沸水中焯 2 分钟，捞出后用清水再冲洗一遍，即可有效清除农药残留。

这样烹调才健康

芹菜茎、叶均可食用，而且叶的营养价值比茎更高。芹菜一般炒菜、煮粥、凉拌食用都比较健康，尤其是与一些相宜食材共同食用营养效果更好。比如芹菜炒鸭肉可以滋阴润肺；芹菜粳米粥可以祛伏热、利小便；芹菜拌莲藕可以降脂降压；芹菜炒虾仁可以促进新陈代谢；芹菜拌山楂可以降血脂、消食、通便。

3　黄瓜顶花带刺很新鲜，"避孕黄瓜"是谣言

　　黄瓜是西汉时期张骞出使西域带回中原的，时称胡瓜，后改为"黄瓜"。黄瓜不仅可以生食，还能拌着吃、炒着吃，具有利水利尿、清热解毒等功效，主治烦渴、咽喉肿痛、火眼、火烫伤等，而且常吃黄瓜还有减肥的功效。

安全隐患

　　1. 农药残留超标

　　黄瓜栽培过程中为防病虫害会喷洒农药，容易造成农药残留超标，影响身体健康。

　　2. 激素黄瓜

　　激素黄瓜一度被错误解读为"避孕黄瓜"，是指市场上长着小黄花、又长又粗的新鲜的"不正常"的黄瓜，这其实是谣言。在黄瓜种植过程中，为了让黄瓜个大饱满，会使用植物生长调节剂。这种植物生长调节剂是植物激素的一种，和动物激素不是一回事，与避孕药更没有关系。而且植物生长素的用量是很微小的，用多了不仅达不到效果，可能还长出畸形瓜。因此合规的植物生长调节剂在安全用量的情况下是没有问题的，在挑选时避开奇形怪状的黄瓜即可。

这样挑选更安全

1. 看表皮的刺

鲜黄瓜表皮带刺，如果无刺则说明黄瓜老了。此外，轻轻一摸刺就会掉的更好。刺小而密的黄瓜较好吃，刺大且稀疏的黄瓜没有黄瓜味。

2. 看体型

看上去细长均匀且把短的黄瓜口感较好，大肚子的黄瓜一般熟过头，变老了。

3. 看表皮竖纹

好吃的黄瓜一般表皮的竖纹比较突出，可以看得出来，也可以用手摸得出来。表面平滑，没有什么竖纹的黄瓜不好吃。

4. 看颜色

颜色发绿、发黑的黄瓜比较好，浅绿色的黄瓜质量稍微差一些。

5. 看个头

个头太大的黄瓜不一定是好的，相对来说个头小的黄瓜口感反而比较好。

这样清洗很干净

清洗黄瓜时，可以用清水浸泡 5～10 分钟，之后搓洗或刷洗黄瓜，减少农药残留量；也可以取少量的食用纯碱稀释成水溶液浸泡黄瓜 5～10 分钟，去掉有机磷、氨基甲酸酯等可以在碱性溶液中分解的农药，再用流动水搓洗 30 秒，农药残留基本可以清洗干净。除此之外，黄瓜皮中的农药残留高于黄瓜果肉中一倍左右，去皮也是减少农药残留的好方法。

|这|样|烹|调|才|健|康|

黄瓜全身都可以食用，凉拌、炒、炖煮等烹调方法比较健康。比如黄瓜直接炖煮食用可以排毒；黄瓜炒虾米可以保护肝肾；醋调黄瓜可以清热解毒；黄瓜炒绿豆芽可以消火利尿；黄瓜炒鸡蛋可以补充营养；黄瓜苹果沙拉可以助消化、帮助减肥等。

此外，黄瓜尾部含有较多的苦味素，苦味素有抗癌的作用，所以适当食用黄瓜尾部对于身体健康也有益处。不过黄瓜性凉，脾胃虚弱、腹痛腹泻、肺寒咳嗽者都应少吃，以免导致腹痛泄泻。

4   蒜薹用保鲜剂，清洗干净就能去除

蒜薹，又称蒜毫，是从抽薹大蒜中抽出的花茎，具有多种营养功效，所含的辣素对病原菌和寄生虫有良好的杀灭作用，可以预防流感，防止伤口感染和驱虫；所含的大蒜素、大蒜新素可以抑制金黄色葡萄球菌、链球菌、痢疾杆菌、大肠埃希菌、霍乱弧菌等细菌的生长繁殖；外皮所含的纤维素可以刺激大肠排便，防治便秘；所含的维生素 C 具有明显的降血脂及预防冠心病和动脉硬化的作用，并可预防血栓的形成。除此之外，蒜薹还能保护肝脏，诱导肝细胞脱毒酶的活性，阻断亚硝胺致癌物质的合成，从而预防癌症的发生。

安 全 隐 患

咪鲜胺保鲜蒜薹

为了给蒜薹保鲜，有些商家会选用保鲜杀菌剂咪鲜胺，这是一种低毒、广谱、高效杀菌剂，可以合法使用，但是由于它依然含有一定毒性，最大残留限量为 5 毫克/千克，如果残留超标可能对人体健康造成一定危害。

|这|样|挑|选|更|安|全|

1. 看外表

蒜薹要挑选外表没有伤，看起来整齐、圆润、饱满的，如果打蔫了就不新鲜了。

2. 看颜色

选购蒜薹时，应挑选条长翠嫩，枝条浓绿，茎部白嫩的；如果尾部发黄，顶端开花，纤维粗老的则不宜购买。

3. 掐根部

挑选蒜薹时可以用拇指和食指掐一下蒜薹的根部，如果很容易掐断，且津液比较多，说明蒜薹是新鲜的。

4. 看粗细

过细的蒜薹吃起来没有什么味道，而太粗的又不好嚼，因此挑选中等粗细的最好。

|这|样|清|洗|很|干|净|

蒜薹先用清水冲洗干净，之后放入淡盐水中浸泡 20 分钟，掐头去尾，再次用清水冲洗干净，即可有效去除农药残留和保鲜剂。

|这|样|烹|调|才|健|康|

蒜薹两端比较硬，烹调前各去掉 1 厘米左右，再用炒、炖的方式烹调比较健康。比如蒜薹炖黄鱼可以润肺健脾、补气活血；蒜薹炒肉可以增加营养；蒜薹炒猪肝可以缓解大脑疲劳。

5　洋葱农药残留大多在表皮，剥皮即可去除

洋葱又名圆葱，富含多种营养。所含的硫化丙烯是一种油脂性挥发物，可以发散风寒；前列腺素 A 可以扩张血管，降低血压；栎皮黄素 9 是天然抗癌物质之一，能控制癌细胞的生长；微量元素硒能清除体内自由基，具有抗氧化的功效，可以延缓衰老等。因此尽管洋葱味道辛辣刺鼻，烹调后的美味和如此多的营养，不愧享有"菜中皇后"的美誉，一直是餐桌上的热门菜。

安全隐患

过量农药浇洋葱

据中国食品科技网报道，2015 年金昌农户用农药浇洋葱，以此减少洋葱虫害，增加产量的新闻。这样的洋葱存在很大的安全隐患，不过好在这只是个例，一般洋葱农药残留较低。

这样挑选更安全

1. 看颜色

洋葱就其皮色而言，可以分为白皮、黄皮和紫皮三类。白皮洋葱肉质柔嫩，水分和甜度皆高，长时间烹煮后有黄金般的色泽及丰富甜味，比较

适合鲜食、烘烤或炖煮，产量较低。黄皮洋葱多为出口，肉质微黄，柔嫩细致，味甜，辣味居中，适合生吃或者蘸酱，耐贮藏，常作脱水蔬菜。紫皮洋葱肉质微红，辛辣味强，适合炒、烧或生菜沙拉，耐贮藏性差。

2. 看外表

总体来说，挑选洋葱以葱头肥大、外皮光泽、无损伤和泥土、经贮藏后不松软、不抽薹、鳞片紧密、含水量少、辛辣和甜味浓的为好。

3. 分营养

就营养价值来说，紫皮洋葱的营养更好一些。主要是紫皮洋葱的辣味较大，意味着其含有更多的蒜素。此外，紫皮洋葱的紫皮部分含有更多的栎皮素，这也是对人体非常有用的保健成分。因此，紫皮洋葱食疗效果比白皮洋葱要好很多。

这样清洗很干净

洋葱农药残留一般都在表皮，只要剥去表皮，剩下紧实的部分，再用清水冲洗一下即可。

这样烹调才健康

洋葱一般拌沙拉、炒菜、煮粥食用比较健康，比如洋葱炒鸡蛋可以降血压、降血脂；洋葱炒牛肉可以补脾健胃；洋葱小米粥可以生津止渴、降血脂、降血糖；洋葱松子苹果沙拉可以预防心血管疾病、保护心脏；洋葱炒苦瓜可以增强免疫力。

6　豇豆不易清洗，多泡一会效果好

豇豆性平，味甘、咸，归脾、胃经，具有理中益气、健胃补肾、和五脏、调颜养身、生精髓、止消渴、解毒等功效。干豆角含有的大量植物纤维还有润肠通便的效果。此外，豇豆的烹饪简单而多样，是颇受欢迎的家庭餐桌常见菜之一。

安全隐患

毒豇豆

毒豇豆是指含有禁用剧毒农药（如水胺硫磷、甲胺磷等）残留的豇豆，长期食用会对人体造成伤害。不过好在这只是个别案例，国家有关部门也加大了相应的清查，学会购买、清洗和烹调即可放心食用。

这样挑选更安全

1. 看颜色

深绿色的豇豆比较新鲜脆嫩，总体以粗细匀称、色泽鲜艳、子粒饱满、没有病虫害的为佳。

2. 听声音

嫩的豇豆很容易掰断，而且掰断时的声音比较清脆；老的豇豆不易掰断，而且掰断时的声音比较闷。

3. 看豆子

鼓豆越大说明豇豆越老，鼓豆越小说明豇豆越嫩。老豇豆的内部很干燥，没有水分，嫩的豇豆水分很充足。

4. 用手摸

用手触摸豇豆，豆荚较实且有弹力的比较鲜嫩；若豆荚有空洞感，说明是老豇豆。

5. 白豇豆与绿豇豆

白豇豆短粗、弯曲，看上去比较老，适合做馅料，好入味且口感细软，宜熟；绿豇豆看上去比较嫩，细长且比较直，适合炒菜，口感较脆。

这样清洗很干净

由于豇豆无法在挑选过程中鉴别是否有毒，所以在烹调前一定要先用水浸泡 30 ~ 60 分钟，淡盐水更好，之后择干净，放入沸水中焯 3 ~ 5 分钟，便能去除大部分农药残留。

这样烹调才健康

豇豆适合炖、炒、凉拌、制馅包饺子食用，比如豇豆炒虾皮可以健脾补肾、理中益气；豇豆土豆炖肉可以助消化、消除胸膈胀满；凉拌蒜泥豇豆可以防治高血压；豇豆炖冬瓜可以消水肿；豇豆鸡肉馅饺子可以增进食欲。

此外，在烹调豇豆时要注意烹调时间不宜过长，以免造成营养损失。而且不宜多食，容易产生胀气。

7　嫩扁豆荚和干种子，扁豆挑选各有方法

扁豆，别名火镰扁豆、藤豆、月亮菜等，一年生草本植物，嫩荚是普通蔬菜，种子则可入药。扁豆的营养成分相当丰富，包括蛋白质、脂肪、糖类、钙、磷、铁、钾及食物纤维、维生素 B_1、维生素 B_2、维生素 C、酪氨酸酶等，常吃对身体有益。除此之外，扁豆中含有的血球凝集素还能显著地消退肿瘤，因此肿瘤患者常吃扁豆有一定的辅助食疗功效。

安 全 隐 患

农药残留超标

扁豆农药残留超标的情况时有发生，经常食用容易在体内积累毒素，危害身体健康。

这样挑选更安全

1. 嫩扁豆荚

嫩扁豆荚可作为蔬菜食用，因为豆荚颜色的不同，分为白扁豆、青扁豆和紫扁豆三种。其中，以白扁豆最好，其豆荚肥厚肉嫩，清香味美。选择荚皮光亮、肉厚不显籽的嫩荚为宜；若荚皮薄、籽粒明显、荚皮光泽暗，则说明已老熟，只能剥籽食用。

2. 干种子

干种子可作主食或者药用，有白色、黑色、褐色和带花纹的四种。种类不同的种子营养保健功用也不同，可以根据功用不同分别选择。

这样清洗很干净

扁豆先用清水冲洗干净，再放入淡盐水或淘米水中浸泡 1 小时，之后择洗干净，放入沸水中焯 3 分钟左右，即可去除农药残留。

这样烹调才健康

不熟的扁豆含有皂素和生物碱，容易导致中毒，因此防止吃扁豆中毒的办法是烹调前先对扁豆进行加热。具体可以用水焯法，将扁豆投入开水锅中，热水焯透，放入冷水中浸泡后再烹调；干煸法，把扁豆放入烧热的锅内煸炒，炒至豆荚变色；过油法，把扁豆放入油锅中炸一下，捞出滤干油再烹制。如果不采用上述三法而直接煸炒，最好采用长时间地焖烧、炖等方法，这样比较安全。

此外，扁豆多与相宜食材搭配烹调更加健康，比如，扁豆炖山药可以增强人体免疫力；扁豆炒猪肉可以补中益气、健脾胃；扁豆炖鸡肉可以添精补髓、活血调经。不过扁豆一次不可食用过多，否则会发生腹胀。尿路结石者忌食扁豆。

8　老土豆翻新，吃了容易上吐下泻

土豆又叫马铃薯，是我们的餐桌常见食物之一。它不仅含有大量的碳水化合物，还含有蛋白质、氨基酸、矿物质、维生素等多种营养元素，能够作为蔬菜食用，也可以制成薯条、薯片等辅助食品食用，具有健脾胃、通肠道、排毒和调节体质等功效，日常多食用还能帮助减轻体重，是非常不错的常备菜。

安全隐患

翻新土豆

老土豆，尤其是发芽之后的土豆会产生龙葵碱，食用后会中毒，所以这样的土豆卖不出去，只能砸在自己手里。因此有些不良商贩就打起了老土豆翻新，继续充当新土豆贩卖的主意。

所谓翻新土豆，就是将老土豆放进专门的清洗机器里面，经过水洗、浸泡、机器抛光，把已经长芽的土豆变为"无芽"土豆，老土豆变成表皮光鲜的"新土豆"。之后再把翻新过的土豆放到焦亚硫酸钠溶液中泡一泡，使其变得更加鲜亮、光滑，然后撒些土，给人一种新出土的土豆的新鲜感。但这种翻新土豆对人体健康影响极大，如果食用龙葵碱含量超过200毫克的土豆就会引发口腔及咽喉部瘙痒，上腹部疼痛，恶心、呕吐、腹泻等症状。翻新土豆经过焦亚硫酸钠这种漂白剂、防腐剂的处理，如误食同样危害健康。

|这|样|挑|选|更|安|全|

1. 好与坏

土豆要尽量挑选个头适中而均匀，表皮平整且干燥，没有破皮、损伤、虫蛀孔洞，没有萎蔫变软以及腐烂气味的。这样的土豆成熟、新鲜，没有经过泡水，保存时间长、口感好。

表皮有黑色淤青部分的、肉色变成深灰色或呈黑斑的、水分收缩的为冻伤或腐烂的土豆，不宜食用。

未成熟、表皮青紫、发芽的土豆坚决不能买，因为此类土豆中含有龙葵碱，大量食用容易导致中毒。

颜色很新，但是不容易被搓掉皮，且土豆身上的孔洞较深的有可能是翻新土豆，不宜选购。

2. 面与脆

有的土豆相貌不佳，身上还裹了一层看不到表皮的泥灰，但仔细观察可发现表皮颜色发深而且起皮，麻点比较多，这种土豆通常比较面，适合蒸或煮着吃。相反，另一种土豆外表圆溜溜，外皮颜色较浅、薄，而且比较紧实、光滑，麻点很少，这种土豆口感就比较脆，适合凉拌或炒着吃。一般情况而言，市面上流通最广的土豆是产自内蒙古和张家口的，前者多为脆的，后者多为面的。

|这|样|清|洗|很|干|净|

先把土豆泡入水中擦洗干净，之后削皮，去除表皮直至渗透至角质层的农药残留。削皮的时候遇到绿色、发芽的部位要着重削去、深挖，以去掉可能造成食物中毒的龙葵碱。最后把土豆放入清水中浸泡，避免氧化的同时进一步溶出有害物质。

这|样|烹|调|才|健|康|

土豆炒、炖、凉拌或做粥等食用都比较健康。土豆炖豆角可以除烦润燥；土豆炖牛肉可以保护胃黏膜；土豆香蕉沙拉可以抗癌防癌；醋溜土豆丝可以分解有毒物质；土豆拌黄瓜可以调理身体，补充营养。脾胃虚弱、消化不良、大便不畅的人可以常吃。

在凉拌土豆时，由于土豆一煮就烂，所以焯或煮土豆的过程中可以加些盐或醋，可保持土豆完整。在炖土豆时，要用文火才能均匀地炖熟，如果用急火猛炖，容易出现外层熟烂、开裂，但里面夹生的现象。需要注意的是烹调土豆时一定要削皮，因为龙葵碱大多集中在表皮，即使将土豆带皮煮熟后再剥皮，也可能把皮里约10%的龙葵碱传给果肉。

除此之外，冻伤的土豆不宜食用。脾胃虚寒易泄泻者和孕妇应尽量少吃或不吃土豆，因为土豆有通便作用，容易加重腹泻或导致腹泻。

9　卷心菜菜球沉实，新鲜且营养丰富

卷心菜，学名结球甘蓝，约90%的成分是水，富含维生素 C，在世界卫生组织推荐的最佳食物中排名第三。卷心菜因为有多重药用功效而备受推崇，希腊人和罗马人将它视为万能药。卷心菜有绿色、白色、红色等不同颜色，里面的叶子比外面的叶子略白些。

安全隐患

农药残留、微生物污染

卷心菜在种植过程中使用农药防虫害，会出现农药残留。而且卷心菜贴地种植，容易被微生物等污染，因此一定要注意清洗。

这样挑选更安全

1. 看外表

挑选外表光滑、没有坑坑包包的卷心菜。外表有黑洞的是虫子咬过的痕迹，而看上去白花花不均匀的可能是农药点的不好形成的，遇到这样的卷心菜都不要购买。

2. 看颜色

一般卷心菜是绿色和白色混掺的，绿色部位是嫩叶，白色部位是菜帮。喜欢吃嫩菜叶的，可以挑选绿色部分较多的卷心菜；喜欢吃脆而硬的

菜帮的，可以挑选外表白色部分较多的。通常鲜绿色的卷心菜是新鲜的。

3. 掂分量

应季的卷心菜因为很新鲜所以普遍很沉，如果掂着卷心菜感觉很软，没有什么重量，说明这棵卷心菜一定是存放很长时间了，不宜选购。

4. 看菜帮

蔬菜的生长靠的是根，而采摘也是从根部开始的。观察卷心菜根部的颜色，如果是淡绿偏白色的，说明卷心菜很新鲜。如果根部已经有了腐烂的迹象，而且呈萎缩的样子，说明卷心菜不新鲜了。

5. 捏菜心

新鲜的卷心菜因为营养丰富所以是很硬的。捏一捏卷心菜的外表，如果很松软，说明水分流失得很严重，已经不新鲜了。

这样清洗很干净

卷心菜越外层的叶子农药残留越多，只要剥去外层的叶子，有害物质就能大大减少了。如果生吃卷心菜时可以把卷心菜切成细丝，放在清水中漂洗，将残留在卷心菜内部的农药、硝酸盐等从切口处溶出，降低有害物质残留量。如果炒卷心菜，可以先把卷心菜叶放入热水中焯30秒，捞出之后再撕块炒菜，这样大部分农药残留和有害物质都能溶解在热水中。

这样烹调才健康

卷心菜凉拌、急火快炒的烹调方式比较健康。因为无论是凉拌的快速焯水，还是急火快炒，都能将维生素和矿物质的损失量降到最低。一般来说，辣椒炒卷心菜可以帮助消化；醋调卷心菜可以润肠通便。

10　娃娃菜就是娃娃菜，不是大白菜心

娃娃菜，又称微型大白菜，是一款引进蔬菜，近几年开始在国内受到青睐。娃娃菜的外形与大白菜一致，但尺寸只有大白菜的1/4到1/5。别看娃娃菜个头小，其营养价值一点都不比大白菜逊色，钾含量甚至比大白菜还要高出很多。经常有倦怠感的人可以多吃点娃娃菜，有不错的调节作用。常见的"上汤娃娃菜"就是很好的菜品，口味清淡，制作简单，是在外就餐的常点菜之一。

安全隐患

1. 大白菜心冒充娃娃菜

因为娃娃菜是一种精细菜，所以哪怕个头只有大白菜的1/4大，价钱也是大白菜的好几倍，因此有一些不法菜农和商家会把"发育不良"的大白菜剥去外层，以菜心冒充娃娃菜。

2. 甲醛娃娃菜

为了避免长时间放置娃娃菜，致使其不新鲜，根部发黑，有些不法商贩会在娃娃菜根部喷甲醛，以给娃娃菜保鲜。但是甲醛是一种刺激性气体，会刺激眼睛，损害呼吸系统以及内脏，对人体造成一定的伤害。而且世界卫生组织已经将甲醛认定为会致畸、致癌的物质，长期摄入容易引起慢性中毒。

|这|样|挑|选|更|安|全|

1. 看手感

正宗的娃娃菜个头小，大小均匀，手感紧实，如果捏起来松垮垮的，有可能是用大白菜心冒充的。

2. 看色泽

娃娃菜叶子嫩黄，白菜心叶子黄中带白，两者自然色泽不同。

3. 看外形

娃娃菜叶基较窄，叶脉细腻。大白菜心的叶基、叶脉都比较宽大。

4. 看包心

大白菜包心生长比较紧密，叶子皱缩程度严重，呈扭曲状。娃娃菜叶面比较平整，叶子卷曲花纹也很精致、小巧漂亮。

|这|样|清|洗|很|干|净|

娃娃菜去掉表层的一层，之后一片一片掰开，用流动水冲洗干净即可。甲醛溶于水，用流动水冲洗能避免甲醛残留，也能避免甲醛、农药等再次附着。

|这|样|烹|调|才|健|康|

娃娃菜炖、炒、生吃都比较健康。辣椒炒娃娃菜可以促进消化；凉拌娃娃菜可以润肠通便；上汤娃娃菜可以养胃生津、清热解毒；娃娃菜炒虾仁可以防治牙龈出血。

11　辣椒，注意区别染色辣椒和假辣椒面

辣椒虽然口味辛辣，但是营养丰富。辣椒中含有大量的维生素C、β-胡萝卜素、叶酸及镁、钾等多种营养元素，独有的辣椒素还具有抗炎、抗氧化的作用，有助于降低心脏病、某些肿瘤及其他一些随年龄增长而出现的慢性病的风险。此外，辣椒还有助于减肥，预防和治疗胃溃疡。

安全隐患

1. 染色辣椒

染色辣椒是将正常的辣椒经过化学处理，用罗丹明B染色，使之呈现鲜艳的红色。罗丹明B是苏丹红的近亲，具有潜在的致癌、致突变性和心脏毒性。

2. 假辣椒面

如果是在真辣椒面中添加了豆粉，还只是质量问题，如果是掺杂了色素，尤其是工业色素，食用时间久了会损害身体健康。

这样挑选更安全

1. 一般辣椒的鉴别方法

现在市面上的辣椒主要有三种，一种是辣味重的辣椒，一种是甜味

重、无辣味的甜椒，还有一种是介于上述两者之间的半辣味椒。其实辣椒的果实形状与其味道的辣、甜之间存在着明显的相关性。一般来说，尖辣椒辣的多，且果肉越薄，辣味越重；而柿子形的圆椒多为甜椒，果肉越厚越甜脆；半辣味椒则介于两者之间。总体以轻捏有弹性、紧实、无虫眼、无腐烂的为佳。

2. 染色辣椒的鉴别方法

染色辣椒主要指用了罗丹明 B 的干红辣椒。鉴别方法如下。

（1）看颜色。颜色鲜红，呈油浸、亮澄澄状态，抹一下手上容易沾染颜色的，可能是经过染色的干红辣椒。

（2）泡水。优质干辣椒泡出的水为浅褐色；劣质干辣椒泡出的水为红色。

（3）手捏。优质干辣椒用手抓时，有刺手的干爽之感，用手拨弄时，会有"沙沙沙"的响声，轻轻一捏干辣椒就会破碎；劣质干辣椒用力捏也捏不碎。

（4）品尝。优质干辣椒的麻辣味道较明显、持久；劣质干辣椒的麻辣味道差很多。

（5）掂分量。用手掂一下干辣椒的分量，同体积的优质干辣椒分量很轻；劣质干辣椒则重一些，而且掺杂着黑色的干辣椒籽及树梗。

3. 辣椒面的鉴别方法

（1）正常的辣椒面干燥、松散，粉末为油性，颜色自然，呈红色或红黄色，不含杂质，无结块，无染手的红色，有强烈的刺鼻、刺眼的辣味。掺假辣椒面呈砖红色，只能嗅到一点或根本闻不到辣味。染色的辣椒面颜色非常鲜艳，红得不自然，但辛辣味却不强烈。

（2）正常辣椒面的红色是一种植物性的色素，存放久了颜色会慢慢变暗、变淡，但是经过染色的辣椒面，即使暴晒仍然会呈鲜红色。

（3）取一点辣椒面放在锅中，缓缓加热烧到冒烟，正常的辣椒面会发出浓厚的呛人气味，闻了之后会打喷嚏、咳嗽。而掺假的辣椒面只能看见青烟，闻不到呛人气味或者气味不浓。

（4）用舌头舔一点辣椒面，如果感到牙碜，表明辣椒面里混入了碾成碎末的红砖屑。如果感觉黏度大，投入清水中能起糊，且颜色浅、发黄，说明掺入了玉米粉或其他黄色谷物。如果辣椒面尝起来有豆香味，略甜，且辣椒面里黄粉偏多，则可能掺入了豆粉。

（5）把辣椒面倒在白纸上，用手揉搓，如果留有特别鲜艳的红色，有很大可能是掺入了色素。

这样清洗很干净

辣椒喷洒农药时一般是从上往下，蒂处最容易有残留。因此先去蒂，用清水冲洗干净之后，放入小苏打水中浸泡，去除有机磷和氨基甲酸酯类等农药残留，之后捞出清洗干净，切掉蒂部 1 厘米左右丢弃不用。

这样烹调才健康

辣椒一般作为炒菜、凉拌菜的配料食用。辣椒炒娃娃菜、炒卷心菜都可以助消化；辣椒炒茄子可以抗压美容；辣椒炒花菜可以防癌抗癌；辣椒炒鳕鱼可以增进食欲；辣椒拌黄瓜丝可以补充维生素。

不过，加工辣椒时要掌握火候。由于维生素 C 不耐热，易被破坏，所以急火快炒是关键。此外，分享一个切辣椒不辣手的小妙招：辣椒中产生辣味的辣椒碱沾到皮肤上会使血管扩张，刺激痛觉神经，让人感觉手上火辣辣的痛。切过辣椒后用醋涂抹双手可以有效地缓解痛感。

此外，虽然辣椒营养丰富，但是也不宜过多食用。因为摄入过多的辣椒素会刺激胃肠黏膜，使其充血、蠕动加快，引起胃痛、腹痛等，所以患有食管炎、胃肠炎、胃溃疡、肾病以及痔疮的人，应少吃或不吃辣椒。

12 亚硫酸泡莲藕，看着好看吃着难吃

莲藕微甜而脆，是常用蔬菜之一，具有相当高的药用价值，它的根叶、花须、果实皆是宝，都可滋补入药、能消食止泻、开胃清热、滋补养性以及预防内出血，是妇孺儿童、体弱多病者上好的流质食品和滋补佳珍。莲藕四季不断，以夏、秋的为好，夏天的称为"花香藕"，秋天的称为"桂花藕"。

安 全 隐 患

亚硫酸泡莲藕

莲藕是埋在淤泥里生长的，挖出来之后不会是白白净净的，即使用清水冲洗干净，藕皮也是自然发黄的。因此如果在市场上看到过于白净的莲藕，就要考虑其被亚硫酸浸泡过的可能性了。

据调查研究表明，亚硫酸有很强的腐蚀性，用水稀释后泡莲藕，可以将又黄又土的莲藕变得白净。但是经过亚硫酸泡过的莲藕会残留有害物质，长期食用容易损伤胃肠道，可能引起中毒反应。

|这|样|挑|选|更|安|全|

1. 看外形

挑选莲藕时，要选择外形饱满的，不要选择凹凸不完整的。

2. 看粗细

建议购买藕节较粗短的莲藕，粗短的莲藕成熟度足，口感较佳。

3. 看间距

观察藕节与藕节之间的距离，间距越长，藕的成熟度越高，口感越好。

4. 看表皮

观察藕皮的颜色，表面发黄的为自然生长的莲藕，看起来很白，闻着有香味或淡淡酸味的是使用工业用酸处理过的，不宜购买；观察表面有没有湿泥土，有湿泥土的话好保存，可放置在阴凉处约一周，无湿泥土的通常已经处理过，不耐保存。

5. 看气孔

如果是已经切开的莲藕，可以看看莲藕中间的通气孔，通气孔大的莲藕汁多，口感较好。

6. 看伤痕

选购莲藕时要注意看莲藕有无明显外伤。如果有湿泥裹着，可将湿泥稍微剥开看清楚。

7. 看颜色

正常莲藕放置一段时间会氧化变色，但是被亚硫酸泡过的莲藕即使放上很多天也依然白净。不过一过水，被酸泡过的莲藕就会迅速变质，开始发黄，而后变黑。

|这|样|清|洗|很|干|净|

莲藕用流动水冲洗干净，去掉表皮的泥土、有害物质，之后去皮，浸入比例为 1 杯水 1 勺醋的稀释醋水中，可以有效溶出有害物质、农药残留等。

|这|样|烹|调|才|健|康|

莲藕炖、煮粥、炒、凉拌都比较健康。莲藕糯米粉粥可以调和气血、清热生津；莲藕拌芹菜可以降脂降压；莲藕炒百合可以润肺止咳；莲藕糙米粥可以健脾开胃、养血止泻；莲藕炖羊肉可以滋肺补血；莲藕炖黄鳝可以强肾壮阳、滋阴健脾；生姜拌莲藕可以止吐。

莲藕最好现切现烹调，不然容易氧化变黑。如果切完一时没法下锅，可以放入清水中浸泡，剩下的用保鲜膜保存即可。同时，脾胃虚寒者、易腹泻者不宜食用生藕，因为生藕性偏凉，生吃凉拌难以消化。

13　催熟的西红柿，又红又硬注意区别

西红柿营养丰富、风味独特，具有减肥瘦身、消除疲劳、增进食欲、提高对蛋白质的消化、减少胃胀食积等功效，可凉拌可热炒，是人见人爱的餐桌菜。医学研究证明，西红柿还能够止血、降压、利尿、生津止渴、清热解毒、凉血平肝等，养生效果非常好。

安全隐患

催熟西红柿

为了能够卖高价，一些商家会对西红柿进行人工催熟。一般人工催熟常用的催熟剂是乙烯利。根据国家标准，每千克果蔬中乙烯利的含量不超过 2 毫克就是安全的，即乙烯利的毒性比较低，但是在使用过程中并不能保证所有商贩都规范操作，如果有不法商贩在西红柿上直接涂乙烯利或者过量使用，长期食用依然会对人体造成伤害。而且催熟的西红柿只是样子比较好看，本身并没有经过完整的生育期，所有会有口感发涩、无西红柿味、果肉硬等现象，品质、营养各方面都比正常成熟的西红柿逊色很多。最重要的是，不成熟的西红柿里含有大量的龙葵碱，龙葵碱积累多了，食用后会出现嘴里发苦、头晕、恶心等一系列中毒反应。

这样挑选更安全

1. 颜色红得自然

自然成熟的西红柿，颜色越红说明成熟度越好，但是它的红跟催熟的西红柿还是有一定差别的。自然成熟的西红柿红得自然，果皮发亮，颜色分布不均；催熟的西红柿果皮发暗，颜色均匀。

2. 外形圆润为好

自然成熟的西红柿外形圆润，催熟的西红柿一般有棱有角的感觉。

3. 皮薄有弹力为好

用手捏一捏西红柿，皮薄有弹力，摸上去结实而不松软的是优质西红柿。而催熟的西红柿摸上去手感较硬。如果把西红柿掰开也会发现，自然成熟的西红柿籽多、汁多，而催熟的西红柿结构不分明，籽少、汁少。

4. 底部圆圈小而自然

观察西红柿的底部，如果圆圈较小而且颜色自然，说明筋少、水分多、果肉饱满，是正常成熟的品质较好的西红柿；如果底部圆圈大，则说明西红柿筋多，不好吃；如果底部圆圈发黑，即有催熟的可能。

这样清洗很干净

西红柿用流动水冲洗干净，去掉表皮的农药残留，然后在西红柿顶端划十字切口，放入沸水浸泡 15 秒，切口会自动裂开，捞出放入凉水中浸泡，便可轻松去皮，从而消除角质层中的农药残留和有害物质。

|这|样|烹|调|才|健|康|

西红柿凉拌、煮粥、炖汤、炒菜等都比较健康。西红柿炒西葫芦可以抗癌；蜂蜜拌西红柿可以补血养颜；西红柿炒芹菜可以降血压；西红柿炖黄鱼可以促进骨骼发育；西红柿炖牛腩可以全面补充营养；西红柿粥可以清热解毒、凉血平肝、生津止渴。

西红柿不宜空腹食用，否则容易引起胃肠胀满；脾胃虚寒、急性肠炎、溃疡活动期的患者均不宜食用，对于疾病恢复不利。

14　白菜喷甲醛保鲜，洗的时候需要泡一泡

白菜原产于我国北方，通常指大白菜，也包括小白菜以及圆白菜，此处以大白菜为主。白菜的种类很多，北方的大白菜有山东胶州大白菜、北京青白、天津青麻叶大白菜、山西阳城的大毛边等。白菜是人们生活中不可或缺的一种蔬菜，味道可口，营养丰富，素有"菜中之王"的美称，为广大消费者所喜爱。

安全隐患

1. 农药残留超标

白菜的主要虫害有蚜虫、菜青虫、菜螟、小菜蛾、跳甲和地下害虫等，为了保证白菜不被虫咬，不腐烂，有的菜农在选用耐热抗病虫良种的同时还会用农药拌种、生长期多次喷洒杀虫剂避免虫咬，喷洒杀菌剂抑制发病，防止腐烂，可能导致白菜农药残留超标。

2. 甲醛白菜

白菜因为水分多不易保存，为了在运输过程中保证白菜的新鲜，有些不法商贩便打起了用化学原料保鲜白菜的方法。一般最常用的保鲜剂是经济实用的甲醛。据调查研究发现，3 元钱买 1 升甲醛保鲜剂便可以保鲜 4 吨白菜，让白菜看上去白净鲜亮，讨消费者喜欢。但是世界卫生组织已经将甲醛认定为致畸、致癌的物质，长期摄入容易引起慢性中毒。

|这|样|挑|选|更|安|全|

1. 看颜色

白菜分结球与不结球，这里说的是结球的品种。结球的白菜一般挑白色的，因为白色的白菜口味甘甜，口感更好。如果是青色的白菜，口味会稍微差一些。不过，就算是结球的白菜，也不完全是白色的，因为外面的部分会受到太阳照射，在一定程度上颜色变青是理所当然。所以，有一点青色叶子的白菜也可以选购。

2. 看大小

如果不是限定分量买的话，尽量挑个大的白菜，因为这样的话里面可食用的茎叶多。个小的白菜，剥开外面的几片茎叶，里面的茎叶也没剩下多少了，相对不划算。所以，推荐挑个大的。同时个大的白菜积累的养分也多，生长好。

3. 看外表

一般要挑茎叶卷得密实、根部小一点的。另外重要的一点，要看看白菜是否有腐烂，如果有，要慎选。

4. 看手感

好的白菜非常结实，用手掂一下会感觉比较沉。结实的白菜口感会更加甘甜。

5. 看叶茎

白菜可以稍微放一小段时间，特别是冬天的时候。但是挑的时候要尽量挑新鲜的，以叶茎水分充足的为新鲜。

这样清洗很干净

白菜去掉表皮的一层，之后一片一片掰开，用流动水冲洗干净，放入清水中浸泡 5 分钟左右，即可去除甲醛和农药残留。当然，烹调前用沸水焯 30 秒左右可以更好地去除残留的农药和甲醛等有害物质。

这样烹调才健康

首先要明确的是，腐烂的白菜和未腌透的白菜一定不能吃，因为两者均含有亚硝酸盐，对人体有害，吃了会产生头晕、呕吐等症状。在烹调白菜时，先洗后切可以保证营养成分不被丢失；适当放醋可以使大白菜中的钙、磷、铁元素分解出来，从而有利于人体吸收；用沸水焯 30 秒可以保护维生素 C 不被破坏。除此之外，白菜栗子粥可以促进大脑发育；白菜炖豆腐可以清肺热、止咳；白菜炖冬瓜可以润肠减肥；白菜炒瘦肉可以美白肌肤等。

另外需要注意的是，白菜含有丰富的膳食纤维，有通便作用，大便溏泄、寒痢者尽量少吃；性质偏寒凉，气虚畏寒、风寒犯肺、肺寒咳嗽者尽量少吃。

15　青椒颜色嫩绿，口感香脆的更甘甜

青椒肉厚而脆嫩，辣味较淡甚至根本不辣，常作蔬菜食用而不是像辣椒一样作为调味料食用。优质的青椒，维生素 C 的含量在蔬菜中占首位，而且还富含水分、碳水化合物等，是消脂减肥、解热镇痛、增加食欲、帮助消化的上佳食材。

安 全 隐 患

农药残留超标

青椒在种植过程中会喷洒农药，有的菜农为了防虫害可能会加大农药使用量，导致农药残留超标，尤其是根蒂部位更容易残留农药，因此在清洗时要注意。

这样挑选更安全

1. 看色泽

成熟的青椒外观鲜艳、明亮、肉厚，顶端的柄是鲜绿色的；没有成熟的青椒肉薄，柄呈淡绿色。

2. 看弹性

购买时可捏一下青椒，捏起来有弹性的青椒才新鲜，所谓有弹性就是

轻捏时青椒会变形，抬起手后会很快恢复。不新鲜的青椒皮是皱的或软的，颜色暗淡。此外，有损伤的青椒容易腐烂，不要购买。

3. 看肉质

购买时观察青椒棱的肉质厚度。生长环境好，营养充足的青椒容易形成四个棱，三个或两个棱的青椒肉质较薄。

这样清洗很干净

青椒用流动水清洗干净，去掉表皮的农药残留，去掉根蒂部位，再次冲洗干净。之后把青椒切丝，放入沸水中焯30秒，捞出用凉水冷却，便可去除角质层中的农药残留和有害物质。

这样烹调才健康

青椒凉拌、炒菜食用比较健康。比如青椒炒黑木耳可以开胃消食；青椒炒苦瓜可以延缓衰老；青椒炒黄鳝丝可以降血糖、降脂；青椒炒卷心菜可以助消化；凉拌青椒丝可以防治心脑血管疾病。

不过，有眼病、炎症、上火、咽喉肿痛、咳嗽的人最好少吃青椒，否则容易进一步加重病情。

16　含毒素的豆芽伤害身体，从挑选上避开它

豆芽又称苗芽，一般可分为黄豆芽和绿豆芽，黄豆芽是传统的豆芽。豆芽不仅与豆腐、酱和面筋并列中国食品四大发明，而且富含多种营养，尤其是豆芽中含有一种能诱导干扰素生成的物质，可以提高人体抗病毒、抗肿瘤的能力。

安 全 隐 患

毒豆芽

毒豆芽是指在豆芽生产过程中非法添加对人体有害的工业原料、激素、农药、化学、兽药、抗生素等，从而改变豆芽生产周期和外观，增加豆芽产量，最后流入市场销售的豆芽。这些豆芽会损伤肝脏、肠胃、视力、影响儿童智力发育等，要引起足够的警惕。

这样挑选更安全

1. 看颜色

优质的豆芽颜色自然洁白，有光泽；如果是加过漂白剂的豆芽，颜色会过白、灰白，而且光泽不好，这种豆芽不宜购买。

2. 闻气味

如果豆芽大量使用了增白剂、保鲜粉等硫制剂，二氧化硫一定会超

标。拿一小把豆芽用开水烫一下，用鼻子闻一闻，如果有臭鸡蛋味则肯定含有大量的硫制剂，不可食用。

3. 看粗细

豆芽不是越粗越好，如果是呈"短粗状"的豆芽，往往不是好的选择。好的豆芽应该看起来均匀、粗细适中。

4. 看长度

豆芽不宜过长，标准的豆芽长度应在10厘米以下，若过长，说明使用了催化剂，食用的话对身体没好处。

5. 看芽根

观察芽根根须是否发育良好，无烂根、烂尖现象的是自然成熟的豆芽，用化肥浸泡过的豆芽根短、少根或无根。

6. 看豆粒

观察豆芽的豆粒是否正常。自然培育的豆芽豆粒正常，而用化肥浸泡过的豆芽豆粒发蓝。

7. 看根部

如果发现豆芽根部很短或是无根则不宜选购，因为很有可能是被放入了一种能抑制根部生长的化学药品。豆芽应该有自然的根部，长度在3厘米左右，如果根部过长的话，说明豆芽比较老了，口感会比较差，不脆嫩。

8. 看水分

挑选时用手指掐一下，好的豆芽手感非常脆嫩，有一定水分渗出。但是保鲜粉溶液泡过的豆芽被折断后会渗出大量的水，与好豆芽水嫩的感觉不一样。

这样清洗很干净

豆芽先冲洗干净，之后放入清水中浸泡 30 分钟，便可有效去除豆芽中的农药残留和有害物质，比如漂白剂等都会溶出。

这样烹调才健康

绿豆芽凉拌、炒菜食用比较健康。比如清炒绿豆芽可以清热解毒；醋溜绿豆芽可以消毒杀菌；绿豆芽炒韭菜可以解毒、补肾；绿豆芽拌胡萝卜丝可以排毒瘦身。

黄豆芽炒、炖比较健康。比如黄豆芽炒猪肚可以增强免疫；黄豆芽炖牛肉可以预防感冒、防止中暑。

需要注意的是，烹调绿豆芽时间不宜过长，应热锅快炒，尽量避免维生素 C 受破坏；无论如何烹调，都可以加些醋，既能防止维生素 B_1 流失，消毒杀菌，又能加强减肥作用；绿豆芽性质偏寒凉，且所含粗纤维较多，容易加快肠蠕动，造成腹泻，所以烹调时可以加一些姜丝，中和它的寒性。不过患有慢性肠炎、慢性胃炎及消化不良的人依然不能多吃。

黄豆芽性寒，慢性腹泻、脾胃虚寒者尽量少吃。

17　香椿芽也有假的，挑选的时候要注意鉴别

香椿芽被称为"树上蔬菜"，是香椿树的嫩芽，含有丰富的维生素 C、胡萝卜素等物质，有助于增强人体免疫功能，并有很好的润滑肌肤作用，是保健美容的常备食品。中医学认为，香椿芽还具有涩血止痢、燥湿清热、收敛固涩、抗菌消炎等多重功效，常吃对人体极为有益。

安全隐患

假香椿芽

香椿芽味香叶嫩清香可口，是大家非常爱吃的餐桌美食，因此一些不良商贩便打起了用千头椿、苦楝树冒充香椿芽的主意。叶子带点红的叫千头椿，鲜绿色叶子的是苦楝树，这两种树的芽和香椿芽很像，但是前者味道不好，后者一般是人工种植的，根皮及茎皮有毒，不能食用，食用容易引发食物中毒，出现腹泻等症状。

这样挑选更安全

1. 看整体

香椿芽以枝叶呈红色、短壮肥嫩、香味浓厚、无老枝叶、长度在 10 厘米以内的为好。如果叶子带点红或者叶子呈鲜绿色，且没有香椿芽味道

的，是假香椿芽，不宜选购。

2. 闻根部

闻一下香椿芽根部的位置，有明显香椿芽特殊香味的最好。香味淡的质量稍差。如果没有味道或者掺杂其他味道的，不宜选购。

|这|样|清|洗|很|干|净|

香椿芽择干净，用流动水冲洗干净，之后放入沸水中焯烫 1 分钟左右，可以除去大部分亚硝酸盐、硝酸盐和其他有害物质，还能更好地保护香椿芽的绿色，看上去更新鲜。

|这|样|烹|调|才|健|康|

香椿芽凉拌、炒菜食用比较健康，不过在烹调之前一定要用开水焯一下，这样可以降低香椿芽本身所含的亚硝酸盐。一般来说，香椿芽拌豆腐可以润肤明目、益气和中、生津润燥；香椿芽炒鸡蛋可以润滑肌肤。

另外，香椿芽为发物，慢性疾病患者应少食或不食。

18　山药是非常好的中药材，质量上佳的可以常吃

山药原名薯蓣，味甘，性平，入肺、脾、肾经。《本草纲目》中说山药有补中益气、强筋健脾等滋补功效，主治脾胃虚弱、倦怠无力、食欲不振、久泻久痢、肺气虚燥、痰喘咳嗽、肾气亏耗、腰膝酸软、下肢痿弱、消渴尿频、遗精早泄、带下白浊、皮肤赤肿、肥胖等多种病证。

安 全 隐 患

甲醛保鲜

山药由于埋在地下，所以在种植过程中受到农药污染的可能性不大，但是在储存过程中，有些不良商贩会用甲醛溶液来进行保鲜，以避免山药腐烂。甲醛是一种有毒物质，长期食用容易影响身体健康。

|这|样|挑|选|更|安|全|

1. 看重量

挑选时可掂一下重量，大小相同的山药，较重的更好。

2. 看须毛

同一品种的山药，须毛越多的越好。须毛越多的山药口感更面，含山药多糖更多，营养也更好。

3. 看横切面

山药的横切面肉质应呈雪白色，这说明是新鲜的，若呈黄色似铁锈的切勿购买。

4. 看是否受冻

山药怕冻、怕热，买山药时可用手将其掰开来看，冻过的山药横断面黏液会化成水、有硬心且肉色发红，质量差。

这样清洗很干净

山药用流动水清洗干净，之后削皮，便可把表皮至表皮下的农药残留一并去掉。然后把山药浸泡在清水中，防止削皮的山药氧化变色，同时溶出甲醛等有害物质，之后把水倒掉，再加入新水浸泡即可。

这样烹调才健康

山药去皮后容易氧化变黑，所以要现烹调现切，如果提前切好，可以泡入清水或盐水中，防止其氧化。烹调时，山药选择炖、凉拌、炒、煮的方式食用都比较健康。比如山药银杏粥可以通淋；山药炒鳗鱼丝可以防治虚劳体弱；山药炖羊肉可以健脾胃；山药玉米面粥营养丰富；蓝莓山药可以保护心血管健康，缓解眼疲劳；山药银耳羹可以滋阴润肺。

另外需要注意的是，山药里含有一定毒素，所以不宜生吃，即使是凉拌也要在煮熟后再调制。山药有收敛作用，所以患感冒、大便燥结者及肠胃积滞者忌用。山药皮中所含的皂角素或黏液里含的植物碱，少数人接触会引起过敏而发痒，所以处理山药时应避免直接接触。

水果好看又好吃，而且营养丰富，但是其表皮依然容易残存农药，在储存过程中的不当处理可能产生或残留某些物质，有害健康，因此会挑、会洗、会吃是保障水果安全的重中之重。

Part 5

多样水果，
你真的会挑、会洗、会吃吗

1　选购西瓜，别再相信"毒西瓜"的谣言

夏天最值得高兴的一件事情就是可以爽快地吃西瓜。西瓜堪称"瓜中之王"，不仅爽口，还能清热解暑、生津止渴、利尿除烦，有助于防治胸膈气壅、满闷不舒、小便不利、口鼻生疮、暑热、酒毒等症状。同时，西瓜皮也可以做菜、入药等。

安全隐患

"毒西瓜"

网上一直有"毒西瓜"的说法，说"毒西瓜"的毒性来源于瓜农施用的过量激素和农药，人们吃了这种西瓜之后会出现恶心、呕吐、腹泻等中毒症状。据调查研究表明，"毒西瓜"的说法纯属谣言，种植过程中所用的激素是植物激素，不会对人体造成影响。与其担心"毒西瓜"，更要注意的安全隐患其实是不要一次大量食用冰镇西瓜，否则容易刺激肠胃，造成腹泻。

这样挑选更安全

1. 看形状

一般瓜体整齐匀称的西瓜生长正常，质量好；畸形的西瓜可能是受到激素等影响，生长不正常，质量差。

2. 看表皮

瓜皮表面光滑、花纹清晰、纹路明显的是熟瓜；瓜皮表面有绒毛、光泽发暗、纹路不清的是不熟的瓜。

3. 听声音

用一只手托着西瓜，用另一只手的手指轻轻地弹瓜或五指并拢轻轻地拍瓜，如果听到"嘭嘭"的声音，表明西瓜熟得正好；听到"当当"的声音，表明西瓜还不是很熟；而听到"噗噗"的声音，则表明西瓜熟过头了，也就是我们常说的"娄瓜"。

4. 看两端

西瓜的两端匀称，脐部和瓜柄的部位凹陷较深、四周饱满的是好瓜；脐部和瓜柄部位比较平的西瓜口感一般；脐部和瓜柄部位有尖有粗的西瓜质量、口感都不好。

5. 掂重量

同样大小的两个西瓜，熟得好的那个比较轻，有下坠感、很沉的是生瓜。

6. 摸表皮

摸西瓜的表皮，紧实柔滑的是好瓜，表面黏涩的就不要挑选了。

这样清洗很干净

西瓜清洗瓜皮，切开食用即可，距离瓜皮 1 厘米左右的瓜肉最好不吃。

这样烹调才健康

西瓜可以直接吃，也可以拌沙拉、榨汁食用。西瓜绿茶汁可以生津止渴、清新口气；西瓜绿豆汤可以清热解暑；西瓜胡萝卜沙拉可以美肌润肤；西瓜芹菜沙拉可以利尿消肿。

2　橙子染色不健康，挑选时要注意

橙子又叫金环、黄果，是柚子与橘子的杂交品种，为世界四大名果之一。根据橙子的形状和特点，可以分为甜橙、糖橙、血橙、脐橙四个品种。中医学认为，橙子味甘、酸，性微凉，具有生津止渴、开胃下气的功效，可以防治食欲不振、胸腹胀满作痛、腹中雷鸣以及溏便、腹泻等。

安全隐患

1. 农药残留超标

橙子经常被检测出农药残留超标，但是由于果皮对果肉有保护作用，吃橙子的时候会去皮，因此不会对健康产生影响。不过需要注意，像连皮切块与其他水果一起摆盘、连皮切片与蜂蜜进行泡制这种需要带皮操作的，最好先把果皮清洗干净，否则依然存在安全隐患。

2. 染色橙子

有些不法商贩为了提高橙子的卖相或者遮盖橙子的霉斑，会用"胭脂红""苏丹红"等染色剂对橙子进行染色处理，两者均会对人体健康造成危害。所以橙子去皮食用最为健康，而且要把橙子皮丢掉，不要拿来泡水喝。

|这|样|挑|选|更|安|全|

1. 看重量

挑选时，若是相同大小的两个橙子，应选择较重的那一个，因为较重的说明水分含量高，橙子比较新鲜。

2. 看大小

橙子不是越大的越好，个头越大，靠近果梗的地方就越容易失水，吃起来口感欠佳，所以挑选时以中等个头为宜。

3. 看长度

橙子并非越圆越好吃，身形长的橙子更好吃。

4. 看皮孔

挑选时用手摸一下橙子的表皮，表皮皮孔较多、手感粗糙的为优质的橙子，皮孔少、相对光滑的口感欠佳。

5. 捏橙皮

捏一下橙子，有弹性的说明皮薄，水分多；皮硬、无弹性的橙子一般口感不佳。

6. 擦一下

购买时，可以用白纸擦一下橙子，如果是染过色的橙子，一擦就会褪色。

7. 看肚脐

买橙子时最常用的一个方法就是看肚脐，肚脐较小的橙子较好，太大的话，水分会很少。

8. 看颜色

市场上脐橙较多，颜色红一些的橙子说明成熟得比较好，口感会比较甜，可以根据个人口味以及品种来挑选。

|这|样|清|洗|很|干|净|

橙子放入淡盐水中，用淡盐水擦洗干净，之后去皮食用即可。如果去皮后果肉颜色异常或者有异味，就不要食用了，说明农药残留、染色剂等可能已经渗入果肉当中了。

|这|样|烹|调|才|健|康|

橙子可以直接吃，也可以榨汁、拌沙拉、煮粥食用。橙子猕猴桃沙拉可以预防关节磨损；橙子葡萄沙拉可以预防贫血、排毒养颜；橙子草莓沙拉可以美白肌肤；橙子蜂蜜汁可以防治胃气不和、呃逆；橙子燕麦粥可以预防胆结石；橙子玉米粥可以促进维生素吸收。

不过，吃完橙子之后要及时刷牙或漱口，以免橙子所含的果酸、糖类等对口腔和牙齿造成伤害。

3　工业蜡苹果有危害，挑选清洗都要注意

西方有句谚语："一天一苹果，医生远离我。"充分说明人们对苹果营养价值的认可。据现代研究表明，苹果不仅富含多种维生素，而且所含的多酚及黄酮类天然化学抗氧化物质可以及时清除体内的代谢"垃圾"，降低血液中的中性脂肪含量，有利于身体健康。不过，吃苹果时要注意细嚼慢咽，这样还能让苹果多发挥一重功效，即15分钟吃完一个苹果，其所富含的有机酸和果酸可以把口腔中的细菌杀死，帮助预防口腔疾病。

安全隐患

工业蜡苹果

本来打蜡不是一件恐怖的事情，苹果本身就有一层果蜡，只要打上的蜡是食用蜡，对人体没有伤害，不仅可以为苹果保鲜，留住苹果的香味，还能让苹果看起来更有光泽、更漂亮。但是如果是不良商家选用了工业蜡，则会涂出毒苹果。因为工业蜡一般含有铅、汞等重金属，人吃了会积累毒素，损害身体健康。

这样挑选更安全

1. 挑选红富士

（1）掂重量。购买时，把苹果拿在手里掂一下，有坠手的感觉，说明

水分足、口感好。

（2）看表皮。购买时，看苹果身上是否有条纹，条纹越多越好。

（3）看颜色。苹果颜色越红、越艳的好。

2. 秦冠苹果

（1）看大小。购买时，挑大小匀称的，最好是中等大的。

（2）看手感。用手按一下苹果，按得动的就是甜的，按不动的就是酸的。

（3）看颜色。颜色一定要均匀。

3. 黄元帅苹果

（1）看颜色。购买时，挑颜色发黄的，而且表皮麻点越多的越好。

（2）看重量。用手掂量一下苹果，轻的比较面，重的比较脆。

4. 黄香蕉苹果

（1）看表皮。表皮麻点越多越好。

（2）看颜色。颜色是青的，略微泛黄的好。

5. 用纸巾擦

无论哪一种苹果，在选购的时候都可以用纸巾擦一下，抹了食用蜡或者没打蜡的苹果不会掉颜色，但是抹了工业蜡的苹果会掉色。

这样清洗很干净

如果是工业蜡处理过的苹果，所用工业蜡很难用水洗掉，食用蜡则不一样，用温水或盐水浸泡一会儿，便能轻松去除而不会损害苹果的品质。如果是正常的苹果，用流动水冲洗 30 秒，之后泡入淡盐水中，便可有效去除苹果上的农药残留和有害物质。

|这|样|烹|调|才|健|康|

苹果可以直接吃，也可以蒸、煮、榨汁等食用。苹果绿茶汁可以防癌、抗老化；苹果大麦粥可以温中下气；苹果银耳粥可以润肺止咳；苹果桃子沙拉可以润肠通便；苹果黄瓜沙拉可以助消化；苹果炖鱼可以调理脾胃、防治腹泻。

不过要注意的是，苹果每天吃 1~2 个即可，不要过多的食用，也不要空腹或在饭后立刻吃苹果，否则容易增加胃部负担，不利于健康。

4　选购猕猴桃时，挑选大小适中的为好

猕猴桃质地柔软，口感酸甜，而且富含猕猴桃碱、蛋白水解酶、单宁果胶和糖类等有机物，钙、钾、硒、锌、锗等微量元素，人体所需 17 种氨基酸以及维生素 C、脂肪等其他营养元素，营养价值是其他水果的 2 倍，有"超级水果"的美誉。

安全隐患

涂抹生长剂

这里所说的农药一般指"大果灵"。"大果灵"是一种激素类生长剂，掺水抹在猕猴桃幼果上会让猕猴桃的个头变大，形状变得更漂亮，从而增加产量和销量。这样的猕猴桃味道不好，保存时间只有十几天，虽然目前还没有证据表明它会损害人体健康，但是有其他选择的情况下最好还是不要选购这样的猕猴桃。

这样挑选更安全

1. 看外表

挑选时，一定要注意猕猴桃是否有机械损伤，凡是有小块碰伤、有软点、有破损的，都不能买。因为只要有一点损伤，伤处就会迅速变软，然

后变酸，甚至溃烂，让整个果子在正常成熟之前就变软、变味，严重影响猕猴桃的食用品质。

2. 看颜色

挑选时买颜色略深的猕猴桃，接近土黄色的外皮，这是日照充足的象征，果肉也更甜。

3. 看大小

选购猕猴桃最好挑选重量在 80 ~ 150 克之间的，这样的猕猴桃大小适中，成熟度和口感都比较好。

4. 看成熟度

选购猕猴桃时，一般要选择整体处于坚硬状态的果实。凡是已经整体变软或局部有软点的果实，都尽量不要。如果买了，回家后要马上食用。因为猕猴桃和很多水果一样，一旦变软成熟，一两天内就会软烂变质。

5. 看果肉

正常的猕猴桃果芯较细，果肉酸甜，果香浓郁。用了农药的猕猴桃果芯较粗，果肉发黄，淡而无味。

|这|样|清|洗|很|干|净|

猕猴桃先用流动水冲洗干净，之后放入淡盐水中浸泡 2 分钟，再次冲洗干净，去皮即可。

|这|样|烹|调|才|健|康|

猕猴桃可以直接生吃，也可以榨汁、拌沙拉、煮粥食用。猕猴桃橙汁可以预防关节磨损；猕猴桃蜂蜜汁可以清热生津、润燥止渴；猕猴桃粥可以健脾补肺；猕猴桃酸奶沙拉可以促进肠道健康。

另外，猕猴桃不宜多食，每天吃 1～2 个即可满足人体全天所需的维生素 C，又能保证其被身体充分吸收。猕猴桃属于膳食纤维丰富且性寒的食品，不宜空腹食用，最好饭后 1 小时再食用。

5　防霉剂保鲜柚子，对果肉没有太多影响

柚子有沙田柚、蜜柚、葡萄柚等多个品种，一般存放两三个月也不会失去其独有的果香味，因此被称为"天然水果罐头"，好吃易保存。而且据现代研究表明，柚子含有丰富的蛋白质、有机酸、维生素 C 以及钙、磷、镁、钠等微量元素。经常食用，可以健胃消食、下气消痰、轻身悦色等，对败血病、糖尿病、脑血管疾病以及肥胖症等有良好的辅助治疗作用。

安全隐患

防霉剂保鲜柚子

防霉剂是指对霉菌具有杀灭或抑制作用，防止应用对象霉变的制剂，在柚子的储存过程中，有些不良商贩为了给柚子保鲜，会采用此类制剂。由于吃柚子时一般会剥皮，所以不会对人体健康造成负面影响。只要注意连果皮带果肉做柚子蜂蜜茶时，先将果皮清洗干净，避免防霉剂残留即可。

这样挑选更安全

1. 买大不买小

同一品种的柚子，大的柚子比较饱满，味道好。

2. 买重不买轻

同样大小的柚子，较重的水分含量大，购买时可以分别称一下。

3. 买尖不买圆

颈部较长的柚子皮多肉少，购买时应挑选颈短、扁圆形、底部平的柚子。

4. 买黄不买青

淡黄色或者橙黄色的柚子比青色的柚子要成熟得好。

5. 看表皮

表皮细滑的柚子新鲜，表皮比较粗糙、太黄的柚子可能放置了较长时间，不够新鲜了。另外，用手按下表皮，较硬说明皮薄，较软说明皮厚，皮薄的柚子比较好吃。

这样清洗很干净

柚子用清水擦洗干净，之后去皮即可去掉农药残留和有害物质。

这样烹调才健康

柚子直接吃、榨汁饮用都比较健康。做成柚子蜂蜜茶能理气止痛，缓解肺热咳嗽。

高脂血症患者在服用降脂药时不宜食用柚子，否则容易出现肌肉痛，甚至肾脏病变；过敏者在服用抗过敏药特非那定期间，若吃了柚子或饮了柚子汁，轻则出现头昏、心悸、心律失常等，严重的可能猝死；在服用环孢素、咖啡因、钙拮抗剂、西沙必利等药物期间，均不宜吃柚子，可能产生不良反应；女性服用避孕药期间，也不宜食用柚子，容易阻碍药物吸收。除此之外，柚子性寒，脾虚泄泻的人吃了柚子容易引发腹泻，如果属于此类人群还特别爱吃柚子，可以用热热的柚子蜂蜜茶代替生冷的柚子。

6　橘皮用染色剂，一般不会危害到橘肉

橘子种类很多，形状、颜色略有不同，但是功效大体相同。一般来说，橘子味甘、酸，性温，入肺经，具有开胃、止咳、润肺等功效，可以用来治疗胸膈结气、呕逆少食、胃阴不足、口中干渴、肺热咳嗽及饮酒过度，日常生活中适量吃橘子对身体有益。

安全隐患

橘红2号染色橘

橘红2号是一种橘红色粉末状人工合成色素，使用它的目的是为了让橘子卖相好。国家标准《食品添加剂使用标准》中未规定橘红2号染料可以用于柑橘类水果的增色，该种人工色素即为不得使用。但是有不法商贩为了提高销量，仍然将其用在橘子的染色上，不过最大残留量不超过2毫克/千克即不会对人体造成太大伤害。

这样挑选更安全

1. 看颜色

多数橘子的外皮颜色是从绿色，慢慢过渡到黄色，最后变为橙黄或橙红色的，所以颜色越红，通常成熟度越好，味道越甜。不过要注意的是，

贡橘在成熟前采摘，果皮是青绿色的，味道也不酸，只是红色的会更甜。另外，看橘子蒂上的叶子，叶子越新鲜，说明橘子越好。

2. 看大小

橘子个头以中等为最佳，太大的皮厚、甜度差，小的又可能生长得不够好，口感较差。

3. 看表皮

表皮光滑的橘子酸甜适中，而且上面的油胞点比较细密。

4. 测弹性

皮薄肉厚水分多的橘子会有很好的弹性，用手捏下去，感觉果肉结实但不硬，一松手，就能立刻恢复原状。

5. 擦一下

买橘子的时候用湿纸巾擦一下，如果掉色，则可能用了染色剂，这样的橘子尽量不要购买。

这样清洗很干净

橘子用清水擦洗干净，之后去皮即可去掉农药残留和染色剂。

这样烹调才健康

橘子可以直接吃，也可以榨汁、拌沙拉等。一般橘子与桂圆同吃可以防治痢疾；橘子和生姜同吃可以治疗感冒。

另外，橘子虽然营养丰富，但不宜过量食用，否则容易患上胡萝卜素血症，皮肤呈深黄色，如同黄疸一般。此时只需停吃一段时间，肤色会渐渐恢复正常。

7　催熟或过度保鲜，"化妆" 桃子要避免

中国是桃子的故乡，桃子在中国传统文化中，有着生育、吉祥、长寿的民俗象征意义，所以桃子一直有"寿桃""仙桃"的美誉。据现代研究表明，桃子不仅肉质鲜美，而且含有丰富的营养，被誉为"天下第一果"，适合一般人群，尤其是低血钾、缺铁性贫血患者食用。

安全隐患

1. 催熟桃子

青涩半熟的桃子用明矾、甜蜜素、酒精等泡过，变得脆甜可口。但是明矾的主要成分是硫酸铝，长期食用会导致骨质增生、记忆力减退、痴呆、皮肤弹性下降以及皱纹增多等问题。

2. "保鲜" 桃子

桃子用工业柠檬酸浸泡，可以保鲜，桃色鲜红，卖相上佳，而且不易腐烂。但是工业柠檬酸容易损害人体神经系统，诱发过敏性疾病，甚至致癌。

这样挑选更安全

1. 看颜色

挑选桃子时要注意，并不是颜色越红桃子越好吃，成熟的桃子红色的

地方斑驳，像水墨画印染的感觉。如果桃子颜色艳丽且均匀，要考虑是否有染色、工业柠檬酸泡过的可能。

2. 看大小

尽可能挑选大小适中的桃子，过大的桃子，内部或许已经裂开了，不宜购买。

3. 摸表皮

用手摸桃子的表面，成熟且口感较好的桃子表面不是很光滑，会出现小坑洼或小裂口。

4. 闻味道

成熟的桃子会散发出自然的清香，很多又大又红的桃子不一定会有这种香味，因为有可能使用了膨大剂或染色剂。

5. 掂分量

挑选时，掂一下桃子的重量，差不多大小的桃子，较重的水分多，口感好。

6. 看软硬

刚摘下来的新鲜桃子果肉紧实，捏起来不会发软，可以延长存放时间。过软的桃子买了最好即时吃，否则易腐烂。

7. 看桃毛

新鲜的桃子表面都会有一层密集的小绒毛保护果实，如果表面绒毛少了或已经打湿了，说明已经不新鲜，或者使用其他东西处理过，比如工业柠檬酸、明矾浸泡等。

8. 尝味道

味道很甜的青桃子，如果表面又没有桃毛，就要小心了，考虑是否是明矾泡过的桃子。

|这|样|清|洗|很|干|净|

桃子皮容易破，所以不能用力洗，放在流动水下冲洗干净，即可去掉残留在表皮的农药，之后去皮，角质层残留的农药和其他有害物质也能一并去掉。在清洗桃子时，如果对桃毛过敏，可以戴着橡胶手套处理。

|这|样|烹|调|才|健|康|

桃子可以直接吃，也可以榨汁、拌沙拉等食用。比如桃子苹果沙拉可以润肠通便；桃子葡萄柚汁可以预防贫血；桃子拌莴笋可以补充维生素，均衡营养；桃子牛奶汁可以滋润皮肤。

不过，桃子容易使人上火，平时内热偏盛、易生疮疖的人，不宜多吃；桃子含有大量大分子物质，婴幼儿以及胃肠功能较弱者不宜食用，会增加肠胃负担；桃子易使人过敏，所以过敏体质者不宜常食。

8　糖精泡鲜枣，没有营养还伤身体

鲜枣种类繁多，营养丰富，一直有"日食三枣，长生不老"的说法。除此之外，鲜枣因其肉质嫩脆多汁、甜度高、口感佳、风味独特等，赢得了"热带小苹果""维生素丸"的美誉。

安全隐患

糖精枣

糖精枣即添加了糖精钠、甜蜜素等添加剂而变红增甜的鲜枣。所用糖精钠是有机化工合成产品，属于食品添加剂。除了在味觉上引起甜的感觉外，糖精钠不参与体内代谢、不产生产热量、无营养价值、随尿排出，对人体无任何营养价值。

2015 年 5 月 24 日正式实施的我国食品安全国家标准《食品添加剂使用标准》中规定，糖精钠、甜蜜素两种添加剂的允许添加范围内，不包含新鲜水果，也就是说，新鲜水果禁止添加糖精钠、甜蜜素。长期摄入糖精钠，会影响肠胃消化酶的正常分泌，降低小肠的吸收能力，使食欲减退；短时间内摄入大量糖精钠，会造成急性大出血，对肝脏、肾脏都会造成不利影响。

不良商贩不仅是超范围使用糖精钠，而且在用法和用量上，恐怕也是严重超标的。显然，食用这样的鲜枣对人体的潜在危害是很大的。

这样挑选更安全

1. 看表皮

新鲜的枣比较饱满，果皮上的褶皱会比较少，而且好的枣子表皮很光亮。而表皮绿红分明、颜色发暗为铁锈红、暗红色的，就是糖精浸泡过的。

2. 看有无蛀虫

枣的含糖量很高，很容易被虫蛀。挑选时，观察顶端有没有柄，有的话说明没蛀虫，没有且有小孔的话，就是被虫蛀过了，不宜购买。

3. 看颜色

颜色越深，枣越甜。因为颜色越深，成熟度越高，也就越甜。不过要注意是否是被催熟的。鉴别方法很简单，捏开一个枣，枣肉和枣皮是分开的，从颜色上看枣肉的里层发青，外层是暗粉色，说明枣被商贩动过手脚了。

4. 尝味道

正常成熟的枣味道甘甜、自然。而糖精枣味道极甜，吃完嘴里感觉很腻，回味起来又有些苦，整体口感差。

这样清洗很干净

青枣用流动水冲洗，放入盆中，加入少量盐和面粉，浸泡30分钟，之后再冲洗干净，即可去掉农药残留。之后再泡入水中，如果水也变得有些甜味，则有可能被糖精泡过，不宜继续食用。

|这|样|烹|调|才|健|康|

鲜枣直接生吃最健康，有利于营养吸收。不过鲜枣保质期很短，常温下几天就会失去鲜脆的口感，所以最好现买现吃。

另外，鲜枣的含糖量较高，对牙齿有一定损害，所以吃枣后要漱口或刷牙，最好多喝些水，已经患上牙病的人则不宜食用鲜枣；服用退热药期间不宜食用鲜枣，因为鲜枣的糖含量较高，容易与退热药中的成分形成不溶性复合体，降低药物的吸收速度，影响药效；不宜与动物肝脏同食，因为动物肝脏富含铜、铁等元素，铜、铁离子容易使鲜枣中所含的维生素氧化、失效。

9　染色草莓，多种方法远离它

草莓外形呈心形，果肉鲜美多汁，是美观又美味的一种水果。据研究发现，草莓营养价值很高，富含维生素 C，可以美白、固齿、润喉、清口气；含有大量果胶和纤维素，可以促进肠胃蠕动，帮助消化，改善便秘，预防痔疮、肠癌等。因此在饭后常吃草莓，可以有效发挥草莓的多重营养功效，促进身体健康。

安全隐患

1. 染色草莓

染色草莓是一些不法商贩为了赚钱，将还没有成熟或颜色不匀称的草莓染成鲜艳的红色，从而欺骗消费者，以提高销量的一种草莓。这样的草莓不仅味道、营养都与自然成熟的草莓有所差距，而且染色剂还可能对身体健康有一定影响。

2. 膨大剂草莓

有些果农为牟取暴利，在种植过程中多次乱用膨大剂。膨大剂的成分主要是刺激细胞分裂，通过促进草莓中的细胞分裂和体积增大达到增产目的，使得有些草莓个头很大、颜色佳，甚至有些还长得奇形怪状的。膨大剂属农药范畴，超量使用影响果品质量，消费者摄入膨大剂残留量过大的草莓，会对健康造成一定的损伤。尤其是肾病患者，更应当避免过多食用。

|这|样|挑|选|更|安|全|

1. 看大小

购买时，挑选大小一致的草莓为好，尤其不要买个头很大的那种，个头过大的草莓可能在种植中使用了膨大剂。而且不要选购畸形草莓。

2. 闻香气

自然成熟的草莓会有浓厚的果香，而染色草莓没有香气，或是只有淡淡的青涩气。

3. 看草莓上的籽

如果草莓上的籽是白色的，就是自然成熟的；如果籽是红色的，那么就一定是染色的。

|这|样|清|洗|很|干|净|

草莓带着叶子直接泡在淡盐水中 10 ~ 15 分钟，如果泡草莓的水泛出淡红色，是草莓自身的天然色素，不必担心；如果泡草莓的水泛出重重的红色，再次泡过依然如此就不要食用了，因为极有可能是染色草莓。

|这|样|烹|调|才|健|康|

草莓一般直接吃，也可以榨汁、拌沙拉吃。比如草莓红糖汁可以利咽润肺；草莓拌豆腐可以减肥淡斑；草莓橙子沙拉可以美白肌肤；草莓榛子沙拉可以预防贫血；草莓酸奶可以助消化、解渴安神；草莓牛奶可以促进维生素吸收、养心安神等。

10　荔枝喷酸变鲜，购买时可以闻一闻味道

荔枝因为"一骑红尘妃子笑，无人知是荔枝来"这句千古名句而家喻户晓，与香蕉、菠萝、龙眼并列称为"南国四大果品"。荔枝味甘、酸，性热，入心、脾、肝经，具有补脑健身、开胃益脾等功效。不过由于荔枝性热，多食易上火，并可引发"荔枝病"，所以成年人每天吃荔枝一般不要超过300克，儿童一次不要超过5枚。

安全隐患

喷酸荔枝

荔枝保存时间短，为了方便销售，有些不法商贩会用半熟、甚至生荔枝，用稀释过的盐酸喷洒在荔枝表皮，或用硫黄熏荔枝，使其变得红嫩、新鲜。但是这样的荔枝不仅口感、营养大打折扣，而且食用后还可能损害身体健康，导致头晕、腹痛、腹泻甚至致癌等。

这样挑选更安全

1. 看外表

从外表看，新鲜荔枝的颜色一般不会很鲜艳，色泽极为艳丽不见一点杂色的荔枝，可能是人为处理过的。如果荔枝外壳的龟裂片平坦、缝合线明显，味道一定会很甘甜。

2. 看顶尖

顶尖偏尖的荔枝一般肉厚核小，顶尖偏圆的荔枝一般核比较大。

3. 捏软硬

挑选时用手轻轻捏一下，发紧、有弹性的为好荔枝；如果手感发软或感觉荔枝皮下有空洞，荔枝或许已经坏了。在捏荔枝的时候，揉搓一下荔枝皮，如果手感觉潮热，有可能是喷酸荔枝。

4. 看头部

如果荔枝头部比较尖，而且表皮上的"钉"密集程度比较高，说明荔枝还不够成熟，反之就是成熟度较好的荔枝。

5. 闻味道

自然成熟的荔枝闻起来有荔枝本身淡淡的香味，而喷酸的荔枝没有香味，闻起来气味有点酸，甚至还有化学药品的味道。

这样清洗很干净

洗荔枝时，千万不要把荔枝蒂摘掉，去蒂的荔枝若放在水中浸泡，残留的农药、喷的盐酸等会随水进入果实内部，造成更严重的污染。带蒂用流动水冲洗干净，之后放入清水中浸泡10分钟，去皮食用即可。

这样烹调才健康

荔枝直接生吃最方便也最健康。除此之外，黄酒煮荔枝可以补血活血、防治感冒；荔枝炖鸡肉可以补中益气、补血生津；荔枝拌山药可以养护肌肤、强健身体。

不过，荔枝不宜在空腹的情况下大量食用，否则容易导致低血糖，出现头晕、出冷汗、手脚冰冷等症状。而且空腹吃荔枝还会刺激胃黏膜、影响消化液的分泌，出现胃痛、胃胀等症状，建议还是选择在两餐之间食用为好。另外，阴虚火旺、咽喉干疼、牙龈肿痛、肝火旺盛的人不宜食用荔枝。

11 催熟芒果，外观过关味道不对

芒果为著名热带水果之一，富含糖、蛋白质、粗纤维等多种营养元素，尤其是维生素 A 的前体胡萝卜素含量特别高，在所有水果中都是少见的。不过芒果中含有致敏性蛋白、果胶、醛酸，会对皮肤黏膜产生刺激从而引发过敏，特别是没有熟透的芒果，里面引起过敏的成分比例更高，因此过敏体质的人慎重选择。

安 全 隐 患

捂黄的芒果

为了增加销量，有些不良商贩会把不成熟的青芒果用生石灰捂黄，使芒果表皮看起来黄澄澄的，冒充成熟的芒果出售。但是这种芒果不仅口感不如正常成熟的芒果，而且对于健康有一定的危害。

这样挑选更安全

1. 看颜色

一般情况下，如果想要买还未成熟的芒果，可以挑选青绿色，外皮光滑的；如果想买已经成熟的，则应该选金黄色的。不过有一种芒果叫"红芒"，成熟后并不是金黄色，而是红色，所以这种芒果不适用此法。

2. 看外皮

成熟的好芒果，外皮一般完好无损，皮上很干净，但也不排斥稍微带点小的黑点，不过只要保证黑点很小，且没有扩散，就代表芒果可以选购。

3. 看手感

将芒果拿起来掂一下，如果感觉有分量、很紧实，则证明是好的芒果；如果拿起来感觉果肉松动，则表明里面可能已经坏掉了。

4. 闻味道

成熟的芒果会有一股独有的芒果香味，特别是在芒果柄处。

5. 试吃

这种方法要在有条件的情况下进行。好的芒果果肉光滑，有香味；还没成熟的芒果可能会有些酸味；如果有异味，最好停止食用。

这样清洗很干净

一般芒果不用清洗，但是不放心的话可以用流动水冲洗一下，之后去皮食用即可。

这样烹调才健康

芒果可以生吃，也可以榨汁。对芒果过敏的人，患有皮肤病、糖尿病的人不要食用，同时芒果不要跟大蒜等辛辣食物、海鲜等易过敏食物、酒以及菠萝同食等。

12　买香蕉，注意鉴别是否是催熟的

香蕉是一种常见的热带、亚热带水果，不但果肉甜滑，而且富含磷、蛋白质、糖、钾、膳食纤维和多种维生素，可以清热润肠，促进胃肠蠕动，消除疲劳等。据调查研究发现，常吃香蕉可以促进大脑分泌内啡肽，缓和紧张的情绪，抗抑郁，因此香蕉又被称为"快乐水果"。

安 全 隐 患

1. 防腐剂、防霉剂香蕉

香蕉在存储过程中，前端容易腐烂，为了让香蕉保鲜，有些果农会在收获后使用防腐剂和防霉剂，造成有害物质残留，食用时去皮一般不会对人体产生负面影响，所以只要不是带皮进行烹调、食用即可。

2. 催熟香蕉

七分熟的香蕉，表面涂上一层含有二氧化硫的催熟剂，只需要一两天时间香蕉就会变成个大、色黄、鲜嫩的上品。但是二氧化硫对身体健康有危害，所以催熟的香蕉尽量少吃或不吃。

3. 农药残留超标

香蕉使用的农药多为多菌灵，是一种广谱性杀菌剂，对人有低毒，摄入超标容易出现头晕、恶心、呕吐等症状。根据我国《食品中农药最大残留限量标准》规定："香蕉中多菌灵最大残留限量为 0.1 毫克/千克。"一旦超过这个限量，香蕉就算农药残留超标，不宜食用了。

|这|样|挑|选|更|安|全|

1. 看颜色

品质上佳的香蕉呈金黄色，虽然有些香蕉部分带有青绿色，但这也不影响香蕉的品质，只是口感上稍差，买回来放几天，待皮变黄即可。不过，非常完美、有光泽的香蕉也不一定好，有可能是被催熟的。

2. 看外皮

一般香蕉的外皮是完好无损的，如果有损烂会影响食用。香蕉的外皮有黑点是比较正常的，只要没有烂的地方就好。催熟的香蕉有香蕉熟透的标志——"黑点"，并向周围扩散。

3. 看手感

拿起香蕉轻轻捏一下，感觉香蕉比较厚实而不硬，说明成熟程度刚好。太硬，则还没完全成熟；太软，已经成熟比较久了，可能会影响口感。当发现香蕉柄快要脱落，或者已经脱落的时候，这串香蕉可能已经熟得太过，不宜选购。

4. 闻味道

用化学物质催熟的香蕉闻起来没有香蕉特殊的味道，有一股化学制剂的味道。

5. 尝一尝

自然成熟的香蕉熟得比较均匀，吃起来香蕉心是软的，而且口感甘甜。但是催熟的香蕉心是硬的，口感可能发涩。

┊这┊样┊清┊洗┊很┊干┊净┊

香蕉去皮食用即可，不过为了防止防腐剂、防霉剂、农药残留渗透到香蕉前端 1 厘米左右的地方，再把这一块切除最好。如果有条件的情况下，在去皮之前可以先用流动水冲洗干净。

┊这┊样┊烹┊调┊才┊健┊康┊

香蕉可以直接吃，也可以榨汁、拌沙拉、煮粥等食用。比如冰糖香蕉可以润肠通便；香蕉土豆沙拉可以防癌抗癌；香蕉燕麦粥可以提高血清素含量，改善睡眠；香蕉芝麻粥可以补益心神。

不过为了更好地促进身体健康，不要食用未成熟的香蕉，容易导致便秘；不要一次吃太多香蕉，容易引起胃肠功能紊乱；不要空腹吃香蕉，因为香蕉中含有大量的钾、镁、磷，会使体内的钠、钙失去平衡，不利于健康。

13　柠檬被用防霉剂，清洗干净再食用

柠檬色泽橙黄，气味芬芳，是一种营养极高的水果。柠檬中不仅含有糖、钙、磷、铁、维生素 B_1、维生素 B_2、维生素 C 和烟酸等多种营养元素，而且富含柠檬酸，有"柠檬酸仓库"的美誉。

安全隐患

防霉剂、防止脱蒂的农药

在储存过程中，为了保证柠檬的新鲜程度，有些不良商贩会采用防霉剂和防止脱蒂的农药来"保鲜"柠檬，不过这样的柠檬容易农药残留量超标，清洗时要格外注意。

这样挑选更安全

1. 看表皮

柠檬果皮要挑选光滑，没有裂痕，没有虫眼的。如果表皮有裂口，虫眼等，则不宜选购。

2. 看大小

柠檬一般大小差不多，挑选的时候不要挑选过大的，以中等为宜。如果不想选购太多，小点的柠檬味道也不错，适合选购。

3. 看颜色

柠檬多以金黄色为主，挑选颜色均匀、亮堂、饱满的就可以了。

4. 看重量

挑选时掂一下重量，以较重的柠檬为好，这样水分会比较充足。

5. 看果蒂

柠檬是长椭圆的形状，所以有两端。挑选时可以看看两端的果蒂部分，如果是绿色的，则证明柠檬很新鲜，适合选购。

|这|样|清|洗|很|干|净|

柠檬用水冲洗干净，可以清除表皮的农药残留，之后剥掉皮，便可去除残留的防霉剂，有果皮的保护，果肉中一般不会残留农药，可以放心。不过如果柠檬要带皮用，最好用盐水搓洗干净，之后切片，放入杯中加水，有香味后立刻拿出柠檬片，如果时间过长，有害物质反而容易溶在水中，危害健康。

|这|样|烹|调|才|健|康|

柠檬过酸，不适合单独食用，一般作为搭配用于各类菜品当中比较健康。比如柠檬蜂蜜茶可以清热解毒；柠檬配三文鱼利于营养吸收；柠檬马蹄饮可以生津止渴；柠檬鸡可以促进食欲。

另外需要注意的是，即使是经过制作的柠檬饮品，也尽量不要空腹饮用。胃溃疡、胃酸分泌过多、龋齿、糖尿病患者均应少吃或不吃柠檬及仍然过酸的柠檬制品。

肉禽蛋类中，非常容易积存抗菌性物质、激素、兽药等，为了消除它们，掌握买、洗、烹的诀窍至关重要。

Part 6

肉禽蛋类，

买、洗、烹都有诀窍

1 不健康猪肉多，注意识别

猪肉，又叫豚肉，是人们餐桌上重要的动物性食品之一。猪肉含有丰富的蛋白质、脂肪、碳水化合物和钙、磷、铁等营养成分，具有补虚强身、滋阴润燥、丰肌泽肤的作用。此外，猪肉纤维比较细软，结缔组织比较少，肌肉组织中肌间脂肪比较多，烹调加工后味道特别鲜美、易消化。

安全隐患

1. 注水猪肉

据《肉类国家标准》规定，猪肉含水量大于77%即可判定为注水猪肉。注水猪肉不仅会降低肉的品质，造成病原微生物的污染，还会混入其他物质，甚至兽药残留，长期食用容易引发疾病，甚至致癌。

2. 死猪肉

死猪肉是病死或非正常宰杀而死的猪肉，这种猪肉因为带有不可控的因素或病菌，所以容易引发人畜共患疾病，严重威胁人体健康。

3. 瘦肉精猪肉

与肥肉相比，瘦肉含有更多的蛋白质，脂肪和胆固醇更少，所以为了增加瘦肉含量，有些不法养殖户会在饲料里添加瘦肉精，让猪的肥肉减少，瘦肉增多。但是这种猪肉吃多了容易引发头疼、恶心、呕吐等症状。

这样挑选更安全

1. 看购买渠道

一般购买猪肉的渠道有超市和农贸市场。超市的猪肉来源比较正规，可以放心购买，但价格相对较贵。在农贸市场选购猪肉时，要看摊位的营业执照、卫生许可证、检疫证明是否齐全，另外也要观察一下摊主的衣着打扮是否整洁，摊位整体环境是否卫生等。

2. 看表皮

健康的猪肉表皮无任何斑点；病死猪肉表皮上常有紫色出血斑点，甚至出现暗红色弥漫性出血，也有的会出现红色或黄色隆起疹块。

3. 闻气味

新鲜猪肉具有鲜猪肉正常肉腥味；变质猪肉、病猪肉不论在肉的表层还是深层均有血腥味、腐臭味及其他异味。

4. 看弹性

新鲜猪肉质地紧密富有弹性，用手指按压凹陷后会立即复原；变质猪肉由于自身被分解严重，组织失去原有的弹性而出现不同程度的腐烂，用指头按压后凹陷，不但不能复原，有时手指还可以把肉刺穿。

5. 看脂肪

新鲜猪肉脂肪呈白色或乳白色，有光泽；病死猪肉的脂肪呈红色、黄色或绿色等异常色泽；瘦肉精的猪肉脂肪极少。

6. 看肌肉

健康猪的瘦肉一般为红色或淡红色，光泽鲜艳，很少有液体流出；病死猪肉颜色发红发紫，无光泽，挤压时有暗红色的血汁渗出。

7. 看触感

用手触摸猪肉表面，表面有点干、略湿润且不粘手的为新鲜猪肉；粘手的则为劣质猪肉。此外，可以用卫生纸紧贴猪肉表面，等纸张全部浸透后取下，然后点火，如果纸张烧尽，证明猪肉没有灌水；如果纸张烧不干净，燃烧时还发出"啪啪"的声音，证明猪肉被灌水了。

这样清洗很干净

猪肉表面有油脂，容易沾染脏污，因此清洗猪肉时，可以先把猪肉用淘米水浸泡 4 ~ 5 分钟，之后搓洗，再用流动水冲洗干净即可。在冲洗过程中要防止水喷溅，以免带有猪肉物质的水污染其他地方或食材。

这样烹调才健康

猪肉烹调时一定要做熟才健康，除此之外，还可以跟多种相宜食物搭配制成菜品。比如菠萝古老肉可以促进蛋白质吸收；黑木耳炒猪肉可以清热补虚；猪肉炖南瓜可以清热解毒、生津止渴；猪肉炒豆腐皮可以壮骨补虚；芦笋炒猪肉可以均衡营养。如果在烹调过程中猪肉被烧焦了，则不宜继续食用。

2　鸡肉选白里透红，手感光滑的比较新鲜

　　鸡肉可以说是日常生活中最常见、最常食用的肉类之一，不仅富含维生素 C、维生素 E、蛋白质等营养元素，而且还含有对人体发育有重要作用的磷脂类，是我国膳食结构中脂肪和磷脂的重要来源之一。中医学认为，鸡肉有温中益气、补虚填精、健脾胃、活血脉、强筋骨等多种功效，作为餐桌常备食材对促进身体健康极为有益。

安全隐患

　　1. 注水鸡

　　注水鸡是商贩为了给整鸡增重而想的方法。一般是用针剂往鸡肉里注射水或食用胶。因为注射的水质无法保障，所以给人造成的危害也不同。就算是比较干净的自来水也含有病菌，打进肉内容易产生毒素，长时间摄入这样的鸡肉容易造成肝脏、肾脏中毒，影响人体健康。

　　2. 病鸡肉

　　鸡死后，有些不良商贩为了降低损失，会继续冒充好鸡肉卖给消费者，给消费者造成身体损伤。因为病鸡体内的病原和可能产生的有毒物质会随血液扩散到鸡的各个部位，人吃了可能生病甚至发生中毒，轻则头晕、恶心、呕吐、发热，重则腹痛、腹泻，甚至引起休克、死亡等。

|这|样|挑|选|更|安|全|

1. 挑选活鸡

挑选活鸡的时候，要选择羽毛紧密油润，眼睛有神、眼球充满整个眼窝，鸡冠与肉髯颜色鲜红且挺直，两翅贴紧身体，爪壮有力的鸡；站立不稳、鸡胸和嗉囊感觉臌胀有气体或积食发硬的是病鸡，不要购买。

2. 挑选生鸡肉

挑选生鸡肉的时候，好的鸡肉颜色白里透红，看起来有亮度，手感比较光滑。此外，要特别注意，注水鸡会显得特别有弹性，仔细看会发现皮上有红色针点，针眼的周围呈乌黑色，摸起来表面会有高低不平感。

3. 挑选熟食鸡

挑选熟食鸡的时候，观察鸡的眼睛，健康的鸡眼睛是半睁半闭的，病死的鸡在死的时候已经完全闭上了；另外，也可以看一下鸡肉内部的颜色，健康的鸡肉是白色的，因为血已经放完了，而病死的鸡死的时候是没有放血的，肉色会变红。除此之外还可以尝味道，健康的鸡肉质鲜美，入口较有弹性。病死鸡口感粗，往往有酱料遮不住的异味，比如腥味或臭味。

|这|样|清|洗|很|干|净|

鸡肉放入盆中，倒入适量清水浸泡出血水，把水倒掉，再用流动水冲洗干净，之后放入锅中，加清水煮出浮沫，撇去浮沫即可。鸡肉在清洗过程中要避免流动水喷溅，因为鸡肉可能携带弯曲杆菌，会通过飞溅的水花污染旁边的其他东西，造成交叉感染。

|这|样|烹|调|才|健|康|

鸡肉热炒、炖汤、煮粥、凉拌食用都比较健康，比如鸡肉粥可以补虚损；归参炖母鸡可以补肝益脾、养血补虚；黄芪乌骨鸡可以防治心悸气短、头晕眼花；凉拌鸡丝可以均衡营养等。不过值得注意的是，鸡屁股是鸡淋巴最为集中的地方，也是储存病菌、病毒和致癌物的"仓库"，烹调时应弃掉不要。

另外，鸡肉吃多易上火，感冒发热、内火偏旺、痰湿偏重、高血压、高血脂、口腔溃疡、便秘、皮肤疖肿者尽量少吃。

3　牛肉肉色浅红，肉质坚细的是嫩肉

牛肉是全世界人都非常喜爱的一种肉类食物，其蛋白质含量高，脂肪含量低，享有"肉中骄子"的美称。中医学认为，牛肉有补中益气、滋养脾胃、强筋健骨、化痰息风、止渴止涎的功效，适用于气短体虚、筋骨酸软、贫血久病、面黄目眩及中气下陷的人食用。

安全隐患

注水牛肉、病牛肉

注水牛肉、病牛肉同注水猪肉、病猪肉一样，都会给人体带来不可控的危害，甚至比不良猪肉带给人体的危害更大，如引发疾病、致癌、致畸等。

这样挑选更安全

1. 看颜色

新鲜的牛肉肌肉有光泽，呈暗红色，色泽均匀，脂肪呈洁白或淡黄色。变质牛肉、病牛肉的肌肉颜色发暗，无光泽，脂肪呈黄绿色。注水牛肉纤维粗糙，有鲜嫩感，但观察肉面有水分渗出。

2. 看触感

新鲜的牛肉外表微干或有风干膜，不粘手，富有弹性，指压后凹陷可立即恢复。不新鲜的牛肉外表粘手或极度干燥，新切面发黏，指压后凹陷不能恢复，留有明显压痕。注水牛肉不粘手，湿感重。

3. 闻味道

新鲜牛肉有鲜肉味；不新鲜的牛肉、病牛肉有异味甚至臭味。

4. 看老嫩

老牛肉肉色深红，肉质较粗；嫩牛肉肉色浅红，肉质坚而细，富有弹性。

|这|样|清|洗|很|干|净|

牛肉用清水冲一下，去掉脂肪，便能去除大部分有害物质，之后将牛肉切丁、切薄片、切细丝、切小块，放入沸水中焯 1 分钟，便能轻松去除剩余的有害物质。如果炖汤时，一定要撇去浮沫。

|这|样|烹|调|才|健|康|

牛肉以炖煮、炒最为健康。洋葱炖牛肉可以补脾健胃；枸杞炖牛肉可以养血补气；葱爆牛肉可以养护脾胃；芥蓝炒牛肉可以养肝明目、增强食欲；牛肉炒菜花可以帮助吸收维生素 B_{12}；牛肉炖土豆可以保护胃黏膜。

牛肉不易熟烂，在烹调时可以放一个山楂、一块橘皮或一点茶叶，使其变得易熟烂，既减少烹调时间，又易于肠胃消化。

4　羊肉也有假的，购买时要挑仔细

　　羊肉有山羊肉、绵羊肉、野羊肉之分，一般比较常吃的是山羊肉和绵羊肉。从口感上说，绵羊肉比山羊肉更好吃，因为山羊肉脂肪中含有一种叫4–甲基辛酸的脂肪酸，这种脂肪酸挥发之后会产生一种特殊的膻味，降低山羊肉的风味。不过从营养成分上来说，山羊肉的营养并不低于绵羊肉，而且胆固醇含量比绵羊肉低，对预防血管硬化、心脏病有积极意义，尤其适合高脂血症患者和老人食用，因此如果能受得了山羊肉的膻味，平时适当食用也是有益的。

　　据现代研究表明，羊肉肉质与牛肉相似，但是肉味较浓，肉质细嫩，而且脂肪和胆固醇含量相对牛肉、猪肉来说较少，适当食用可以补肾壮阳、补虚温中，对一般虚证均有治疗和补益效果，最适宜于冬季食用。不过，羊肉性温热，不宜经常食用，暑热天和发热患者更要慎食。

安全隐患

　　1. 注水羊肉

　　注水羊肉同注水猪肉、牛肉一样，都容易造成体内毒素积蓄，引起麻痹、中毒，甚至患病、死亡等。

　　2. 假羊肉

　　用鸭肉、鸡肉等比较便宜的肉冒充羊肉。为了让这些肉有羊肉味，会使用羊肉膏。羊肉膏是一种食品添加剂，即香精，对身体没有太大危害，但是由于潜在危害不明显，所以国家不允许在生鲜肉类中添加香精。

|这|样|挑|选|更|安|全|

1. 闻味道

新鲜的羊肉有正常的气味。劣质的羊肉有一股氨味或酸味。

2. 看触感

新鲜的羊肉有弹性，指压后凹陷立即恢复；劣质羊肉弹性差，指压后的凹陷恢复很慢甚至不能恢复；变质肉无弹性。另外，还要摸黏度，新鲜羊肉表面微干或微湿润，不粘手；次新鲜羊肉外表干燥或粘手，新切面湿润粘手；变质羊肉严重粘手，外表极干燥。其中有些注水严重的肉也完全不粘手，不过可以见到外表呈水湿样，不结实。

3. 看表皮

看羊肉皮有无红点，无红点的是优质羊肉，有红点是劣质羊肉。

4. 看颜色

新鲜的羊肉有光泽，其肌肉红色均匀。质量较次的羊肉，肉色稍暗。新鲜的羊肉脂肪洁白或呈淡黄色，劣质的羊肉脂肪缺乏光泽，变质的羊肉脂肪呈绿色。

5. 看纹理

羊肉的纹理比较多，排成条纹状，脂肪和瘦肉粘连在一起，但是加了肉膏的假羊肉就不一定了。比如用鸭肉做的假羊肉纹理较少，脂肪与瘦肉界限分明。

|这|样|清|洗|很|干|净|

洗羊肉时，把羊肉肥瘦分割，剔去中间的脂肪膜，然后把肥瘦肉分开漂洗即可。

|这|样|烹|调|才|健|康|

羊肉炖、炒食用比较健康，与其他相宜食材搭配食用更健康。比如辣椒炒羊肉可以益气补虚、祛寒暖身；白果炒羊肉可以温补肺气、止咳；羊肉炖豆腐可以清热泻火、除烦止渴；羊肉炖萝卜可以消积滞、化痰热。

不过值得注意的是，感冒、发烧、患有高血压、牙痛等热性疾病的人不宜食用羊肉。如果烹调过程中羊肉糊了也不可食用。

5 "乒乓球鸡蛋"，男性尽量不要吃

鸡蛋，营养丰富，是我们日常食用的食物之一。据调查研究表明，一个鸡蛋重约50克，含蛋白质7克，而且蛋白质中的氨基酸比例尤其适合人体生理需要，容易被人体消化、吸收，利用率高达98%以上，对人体极为有益。

安全隐患

乒乓球鸡蛋

乒乓球鸡蛋不是假鸡蛋，是一种煮熟后蛋黄非常结实，摔到地上会像乒乓球一样弹起来的鸡蛋，这与下蛋的鸡有关系。一般蛋鸡都是用豆粕饲养的，有的不良养殖户为了节约成本，会用棉籽粕代替豆粕。但是棉籽粕中含有游离棉酚和环丙烯脂肪酸，会把鸡蛋中的蛋黄脂肪转化为硬脂酸，把鸡蛋黄变成"乒乓球"。这样的鸡蛋杀精，不利于男性生殖健康。

|这|样|挑|选|更|安|全|

1. 看外表

刚从鸡窝里收起来不久的鸡蛋，其表面会有一层类似于霜样的粉末状物质，这种鸡蛋是新鲜的、正常的；如果表面比较光滑，没有霜或者表面

有发乌现象的，则是不好的、不新鲜的鸡蛋。

2. 闻味道

拿起一个鸡蛋，在上面哈口热气，用鼻子闻其气味，好的、新鲜的鸡蛋会有生石灰味，坏的鸡蛋会有一股臭味。

3. 转鸡蛋

挑一个鸡蛋放在比较平整的地方转圈，好的鸡蛋会因为蛋黄等内部因素因重力的作用下沉，转几圈就会停下来；而坏的鸡蛋转的时间会比较长。

4. 摇晃

如果要购买大量的鸡蛋，条件允许的情况下可以拿起鸡蛋在耳边轻轻地摇一下，如果鸡蛋发出的声音是实的，说明是好的鸡蛋；如果发出来的声音像是摇瓶子里的水那种声音，说明蛋里面有空洞，是不好的鸡蛋；如果鸡蛋有"啪啪"的声音，说明鸡蛋已经有破裂现象，不宜购买。

5. 用灯照射

如果是在超市里买鸡蛋的话，可以拿着鸡蛋放在自己眼前对着灯光照一下，若鸡蛋的透视度较好，且可以看出鸡蛋里面呈微红色，说明质量比较好。

6. 盐水泡

如果对买回家的鸡蛋仍不放心，可以用淡盐水泡一下，沉入水底的是好鸡蛋；不沉入水底，大头向下，小头向上，半沉半浮的是坏鸡蛋。

这样清洗很干净

鸡蛋用流动水冲洗干净蛋壳即可。

|这|样|烹|调|才|健|康|

鸡蛋吃法多种多样，就营养的吸收和消化率来讲，煮蛋为100%，炒蛋为97%，嫩炸为98%，老炸为81.1%，开水、牛奶冲蛋为92.5%，生吃为30%～50%。由此来说，煮鸡蛋是最佳的吃法，但要注意细嚼慢咽，否则会影响吸收和消化。不过，对儿童来说，还是蒸蛋羹、蛋花汤最适合，因为这两种做法能使蛋白质松解，更易被儿童消化吸收。

另外，与相宜食材搭配食用也比较健康，尤其是洋葱炒鸡蛋可以降血压、降血脂；苦瓜炒鸡蛋可以保护骨骼；番茄炒鸡蛋可以美容养颜；玉米鸡蛋羹可以降低胆固醇；香椿芽炒鸡蛋可以润滑肌肤。同时需要注意的是，患高热、腹泻、肝炎、肾炎、胆囊炎、胆石症的人忌食鸡蛋；老年高血压、高血脂、冠心病患者，宜少食鸡蛋，一般每日不超过1个，这样既能补充人体所需的优质蛋白质，又不会影响血脂水平，保证身体健康。

6　"苏丹红鸭蛋"危害大，青皮鸭蛋更好

鸭蛋也是我们日常生活中经常食用的蛋类之一，主要含蛋白质、脂肪、钙、磷、铁、钾、钠、氯等营养成分，有大补虚劳、滋阴养血、润肺美肤等功效。据研究表明，鸭蛋适用于病后体虚、燥热咳嗽、咽干喉痛、高血压、腹泻痢疾患者食用。

安全隐患

苏丹红鸭蛋

人工圈养下的鸭蛋蛋心呈浅黄色，而散养下的鸭蛋蛋心呈红色，一些不法商贩为了利用人们对红心鸭蛋的喜爱牟取利益，在饲料中添加苏丹红以达到生产红心鸭蛋的目的。苏丹红是一种化学染色剂，并非食品添加剂，具有致癌性，对人体的肝肾器官具有明显的毒性作用，所以挑选鸭蛋时一定要引起足够的重视。

这样挑选更安全

1. 挑选鸭蛋

（1）看颜色。淡蓝色青皮的鸭蛋基本上都是年轻力壮的鸭子产的，产蛋有力，鸭蛋的含钙量会多一点，外壳也厚一点，不易碰坏；白皮的鸭蛋一般

是鸭龄较老的鸭子产的，鸭老体衰，产蛋无力，外壳薄一些，容易碰坏。

（2）听声音。拿起鸭蛋摇晃一下，没有声音的是好的鸭蛋，有响声的是坏的鸭蛋。

（3）看蛋黄。正宗的红心鸭蛋蛋黄颜色是红中带黄，而且几乎每个鸭蛋的颜色都不一样，但是苏丹红鸭蛋的蛋黄颜色呈鲜红色，非常均匀。

2. 挑选咸鸭蛋

（1）看产地。咸鸭蛋的产地非常重要，生产在水乡的鸭蛋质量较好，其制成的咸鸭蛋也相对较好，所以尽量选择江苏、湖南、湖北、浙江等水乡的鸭蛋。此外，山东微山湖的鸭蛋也比较有名。

（2）看外观。好的咸鸭蛋外壳光滑，没有裂缝，蛋壳略呈青色；如果蛋壳颜色很深或者呈灰黑色，说明其质量有问题，不宜购买。

（3）晃一下。手拿咸鸭蛋使劲晃一晃，如果感觉蛋里面有晃动或者流动感，说明质量上佳；反之没有晃动的感觉，说明质量一般。

（4）检查包装。市场上卖的咸鸭蛋为了延长保质期，会采用真空包装，购买时注意包装有没有漏气的地方，一旦漏气咸鸭蛋很容易变质。

（5）闻味道。购买咸鸭蛋时闻一闻它的气味，若有很大的咸味或者刺鼻的腐臭味，说明鸭蛋腌制工艺很差，不宜选购、食用。

（6）看蛋黄。购买时，若是能剥开一个咸鸭蛋看看蛋黄就更好了。优质的咸鸭蛋蛋黄颜色均匀，用筷子轻轻一挑会流出黄油；劣质的咸鸭蛋蛋黄颜色深浅不一或者红得过分，极有可能含有非法添加剂。

这样清洗很干净

鸭蛋用流动水冲洗干净即可，如果不去皮使用，比如带皮腌制时，可以用淡盐水浸泡10分钟，之后擦洗干净。

|这|样|烹|调|才|健|康|

鸭蛋煮、炒食用比较健康。在煮鸭蛋时，如果发现水的颜色有变化，说明添加了色素，这样的鸭蛋最好不要再食用。因为人为添加的色素容易被分离，放在热水中煮会浮于水面或者溶在水里。如果鸭蛋没有问题，煮熟后不要立刻取出，留在开水中使其慢慢冷却比较好，这样可以让鸭蛋变得更熟，以免因为食用未完全煮熟的鸭蛋而诱发疾病。

另外，做咸鸭蛋时可以先将鸭蛋放在白酒中浸泡片刻，再捞出来均匀地撒上一层盐，然后放入透明的塑料食品袋中密封，放在阴凉干燥处，一般 10 天即可腌制成功。

水产和海产品的生长水域、储存过程中容易积存有机汞、有机锡、农药等物质，导致它们的颜色漂亮的有些蹊跷，因此一定要注意买、洗、烹这三大步骤，以保障饮食安全。

Part 7

水产和海产品，

挑选、清洗很重要

1　六大步骤，选出新鲜健康的活鱼

　　鱼是最古老的脊椎动物，种类特别多，我国的淡水鱼就有 1000 多种，其中较为优良的品种有鲤鱼、鲫鱼、草鱼、青鱼、鲢鱼、鳙鱼等，一直是人们餐桌上的常见美食。据分析表明，鱼肉中富含动物蛋白质、磷脂等，营养丰富，味道鲜美，容易被人体消化吸收，对于人的体力和智力发育具有促进作用。

安全隐患

　　污染物质残留

　　各种可以食用的鱼类其最大的安全隐患来自于它们生活的水源，如果水源地的水质较差、有污染，则在此处生长的鱼类也会携带有机汞、农药、化学污染物质等。如果长期摄入这样的鱼肉，容易导致体内毒素累积，影响身体健康。

这样挑选更安全

　　1. 看表皮

　　新鲜的鱼表皮有光泽，鳞片完整，紧贴鱼身，鳞层鲜明，鱼身附着的稀薄黏液是鱼体固有的生理现象。不新鲜的鱼表皮灰暗无光泽，鳞片松脱，层次模糊不清，有的鱼鳞片变色，表皮有厚黏液。腐败变质的鱼色泽全变，表皮有厚黏液，液体粘手，且有臭味。

2. 看体态

新鲜的鱼拿起来身硬体直，如罗非鱼、鲈鱼、黑鱼等，上市时为保鲜而放入冰块，头尾往上翘，但仍然是新鲜的。如果鱼拿在手上肉无弹性，头尾松软下垂，说明已经不够新鲜。

3. 闻味道

买鱼时，抓起鱼闻闻鱼身，除了本身的腥味以外是否还有其他的异味。如煤油味、臭水味等。如果有，则说明这条鱼生活的水域受到了严重的污染，不宜购买。

4. 看鱼鳃

新鲜的鱼鳃盖紧闭，鱼鳃色泽鲜红，有的还带血，无黏液和污物，无异味。不新鲜的鱼鱼鳃呈淡红或灰红色。如果鱼鳃呈灰白色或变黑，附有浓厚的黏液与污垢，并有臭味，说明鱼已经腐败变质。

5. 看鱼眼

新鲜的鱼眼光洁明亮，略呈凸状，完美无遮盖。不新鲜的鱼眼灰暗无光，甚至还蒙上一层糊状厚膜或污垢物，使眼球模糊不清，并呈凹状。腐败变质的鱼眼球破裂移位。

6. 看鱼鳍

新鲜的鱼鱼鳍表皮紧贴鳍的鳍条，完好无损，色泽光亮。不新鲜的鱼鱼鳍表皮色泽减退，且有破裂现象。腐败变质的鱼鱼鳍表皮剥脱，鳍条散开。

|这|样|清|洗|很|干|净|

鱼要去掉鱼头、鳃和内脏，这样能去掉大部分积累在它们体内的有机汞、农药和污染物质；之后刮去鱼鳞，洗掉鱼身上的血液和黏液，鱼腹部尤其要认真清洗，以便减少化学污染物质的残留。最后控干水分即可。

这样烹调才健康

鱼肉用炖、蒸的方法来烹调比较健康。其中鲫鱼可以益气健脾、利水消肿；鲤鱼可以止咳平喘、清热解毒；鲢鱼可以温中益气、暖胃；青鱼可以化湿利水、祛风除烦；黑鱼可以祛瘀生新、补肝益肾；草鱼可以暖胃、平肝；带鱼可以补虚、杀虫；鳗鱼可以益气养血、柔筋利骨；黄鳝可以补虚损、强筋骨；泥鳅可以补中益气、解酒醒酒。

不过需要注意的是，无论人工饲养的鱼类还是野生的鱼类，体内都含有一定的有毒物质。活杀现吃，鱼体内的有毒物质往往来不及完全排除，鱼身上的寄生虫和细菌也没有完全死亡，这些残留毒素很可能对身体造成危害。因此购买活鱼回家后可以用清水养上一两天再杀，已经杀死的鱼则最好用清水浸泡1小时左右，以尽量清除鱼身上的剩余毒素，降低有毒物质对身体的危害。烹调最好在鱼死亡数小时后进行，因为放置一段时间后，鱼肉的结缔组织开始逐渐软化，肉质也变得味美鲜香。

此外，尽量不要食用生鱼片，因为生鱼片对肝脏很不利，极易感染肝吸虫病，甚至诱发肝癌；不要空腹食用鱼类，因为鱼类大多含有嘌呤，会使体内酸碱平衡失调，诱发痛风或加重痛风患者的病情。

2　虾，皮壳间紧实且身体弯曲的为好

虾有海水虾和淡水虾两种，海水虾又叫红虾。两种虾都含有蛋白质以及钙、磷、铁等多种矿物质，不仅营养丰富，而且肉类纤维细，水分多，容易被消化吸收，尤其适合老年人和儿童食用。据研究表明，虾肉具有很好的食疗价值，如通乳抗癌、补肾壮阳、益气滋阳、开胃化痰、通络止痛、化瘀解毒、养血固精等多种功效。

安 全 隐 患

农药残留超标

虾体型小而活动迅速，捕捉起来不容易，因此有些商贩会利用捕虾剂。但这些捕虾剂含有农药成分，在捕捉的过程中，虾中不免会残留农药。

|这|样|挑|选|更|安|全|

1. 看外形

新鲜的虾，其虾头、虾尾与身体是紧密相连的，虾身有一定的弯曲度。如果虾头与尾部、身体相连松懈，头尾易脱落或分离，不能保持其原有的弯曲度，说明虾已经不新鲜了，更有可能它已经是死虾了。

2. 闻气味

新鲜的虾有正常的腥味，无异味。变质的虾有臭味。

3. 看颜色

新鲜的虾皮壳发亮，河虾呈青绿色，海虾呈青白色（雌虾）或淡黄色（雄虾）。不新鲜的虾皮壳发暗，略成红色或灰紫色。冻虾应挑选表面略带青灰色，手感饱满并富有弹性的；那些看上去个大、色红的最好别挑。

4. 看肉质

新鲜的虾肉质坚实细嫩，有弹性，虾壳与虾肉之间贴得很紧密，用手剥取虾肉时，虾肉粘手，需要稍用一些力气才能剥掉虾壳。新鲜虾的虾肠组织与虾肉也粘得较紧，假如出现松离现象，则表明虾不新鲜。

5. 看表皮

鲜活的虾体外表洁净，用手摸有干燥感。但当虾体将近变质时，甲壳下一层分泌黏液的颗粒细胞会崩解，导致大量黏液渗到体表，摸着会有滑腻感。如果虾壳粘手，说明虾已经变质。

这样清洗很干净

虾放入盆中，用清水冲洗一遍，用剪刀剪去长须和头上的尖角，用牙签挑破头和身子连接的组织，一边冲洗一边用牙签捣碎沙包里的组织，一定要冲洗干净，之后将牙签插入挨着尾部的那一节，挑破表皮，用牙签慢慢地挑出虾线，动作要均匀，以免挑断，最后用流水冲洗干净即可。

|这|样|烹|调|才|健|康|

　　虾有很多品种，但是均已煮、蒸、炒的烹调方法比较健康。豆苗虾仁可以促进食欲；清蒸枸杞虾可以补益气血；芹菜炒虾仁可以促进新陈代谢；韭菜炒河虾可以补肾壮阳；西兰花炒虾可以补脾和胃。

　　不过需要注意的是，高脂血症、动脉硬化、皮肤疥癣、急性炎症和面部痤疮及过敏性鼻炎、支气管哮喘等患者不宜多食虾肉；宿疾者、正值上火者、体质过敏者不宜食虾。

3　螃蟹农药残留超标是常事，购买螃蟹要警惕

螃蟹含有丰富的蛋白质、维生素 A 及微量元素，对身体有很好的滋补作用，而且对皮肤角化、结核病有很好的防治作用。中医学认为，蟹肉具有理气消食、疏通经络、舒筋益气、清热滋阴的功效，可以有效治疗跌打损伤、筋伤骨折、过敏性皮肤炎等。除此之外，蟹肉对高血压、高血脂、脑血栓、动脉硬化以及各种癌症有很好的预防作用，日常饮食中可以适量常吃。

安 全 隐 患

农药残留超标

螃蟹如果是河里或者挨近田地的池塘里养的，非常容易受到农药的污染，导致农药残留超标。经常食用这样的螃蟹，身体容易累积毒素，致病甚至致癌。

这样挑选更安全

1. 看颜色

优质的螃蟹背部甲壳呈青灰色，腹部为白色；如果背部呈黄色，则螃蟹肉比较瘦弱。

2. 闻味道

螃蟹有正常的腥味，如果有了腥臭味，说明螃蟹已经腐败变质了，不宜选购。

3. 看肚脐

螃蟹肚脐凸出来的，一般都膏肥脂满；凹进去的，大多膘体不足。

4. 看活力

将螃蟹翻转为腹部朝天，能迅速用螯足弹转翻回的螃蟹活力强，可保存；不能翻回的，活力差，存放的时间较短。如果是捆绑好的螃蟹可以轻轻触碰一下它的眼睛，有活力的螃蟹会快速把突出的眼睛躲闪开。

5. 掂分量

用手掂一掂螃蟹的分量，手感重的是肉多的螃蟹，适宜选购。不过这种办法不适用于河蟹和活的海蟹，因为它们经常被绑起来，绳子占有一定的分量。

6. 捏软硬

用手捏一下螃蟹的腿，如果感觉很软说明这只螃蟹是很空的、没什么肉，蟹膏、蟹黄也可能不是很满。如果蟹腿很坚硬则说明这是一只"健壮"的螃蟹。

7. 看雌雄

农历八九月里挑雌蟹，九月过后选雄蟹，因为雌雄螃蟹分别在这两个时期性腺成熟，滋味营养最佳。

|这|样|清|洗|很|干|净|

先将螃蟹浸泡在淡盐水中，使其吐尽污物，然后用手捏住其背部，用牙刷刷干净螃蟹壳；刷完壳接着继续刷螃蟹肚，肚子上有块三角的地方，

翻开去粪便，继续用牙刷刷干净；最后刷干净螃蟹身上、腿上的各处缝隙，用流动水冲洗干净便能有效去除农药残留和其他有害物质。

这样烹调才健康

螃蟹蒸、煮比较健康。比如黄酒蒸蟹可以增鲜、祛寒；姜茸蒸螃蟹舒筋益气、理胃消食。

不过值得注意的是，螃蟹不是人人都适合吃的。螃蟹性寒，体寒胃虚、手脚冰冷、过敏性体质的人不建议食用；螃蟹富含高蛋白，特别是蟹黄、蟹膏中胆固醇含量很高，患有胆结石、高血压、高血脂、肥胖患者也不建议食用，否则对健康不利。

另外，螃蟹濒临死亡时体内会分泌一种有毒物质组胺，且会随着死亡时间越长而累积，因此死螃蟹千万不能吃；由于水质问题，螃蟹体内往往滋生大量的细菌，所以螃蟹一定要煮熟蒸透才能食用。

4　贝类加醋凉拌，吃起来更健康

贝类海鲜是我们经常食用的食物，其肉质鲜美，营养丰富。但有些贝类有毒，对人体有一定危害，购买时要格外注意。

安全隐患

重金属污染

重金属等污染物容易富集在贝类生物的内脏团中，而肌肉中的重金属含量最低。因此，只吃贝类的肌肉部分可降低摄入重金属的风险。

|这|样|挑|选|更|安|全|

1. 看水质

一般卖贝类海鲜的商家会将贝类放在水里养着，购买时如果发现水质清澈，说明贝类比较新鲜；如果水质浑浊，说明贝类已经不新鲜。

2. 看大小

个头大的贝类一般肉比较厚，有嚼劲；个头较小的贝类一般内部杂质比较少，适合不喜欢太腥口味的人吃。要注意，在挑选花蛤时一定要一个一个挑，确保每个花蛤都有舌头伸出来，用手碰一下就会收回去的，才能保证新鲜。

3. 看外壳

挑外壳平滑的。相对外表疙疙瘩瘩的生蚝、扇贝等，蛏子、贻贝等外表干净、平滑的贝类，附着脏东西少，相对污染也少，适合选购。

4. 看颜色

打开贝类的壳后，略微发黑的肉块多是内脏团。有些贝类内部有一根黑色的沙线，不宜选购。

|这|样|清|洗|很|干|净|

贝类放在淡盐水中，待其吐尽泥沙和毒素，之后用牙刷仔细刷洗贝类的外壳，并冲洗干净贝肉。如果还不放心，可以放入沸水中焯一下，捞出后放入凉水中冷却，可以进一步去掉化学污染物质，降低有害物质的含量。

|这|样|烹|调|才|健|康|

贝类一定要充分加热，因此比较健康的烹调方法是蒸、煮、爆炒，这样才能彻底加热、杀死细菌。蒸、煮时要冷水下锅，这样才能保证贝类内外生熟度一致；爆炒时最好先用沸水焯一下，保证熟度。用醋凉拌贝肉时把醋汤倒掉，这样可以减少化学污染物，降低贝肉中的有害物质，保留贝肉的营养。

5　鱿鱼和鱿鱼干，无机砷超标很常见

鱿鱼，又叫枪乌贼，其营养价值非常高，富含蛋白质、钙、磷、维生素 B_1 等多种人体所需的营养物质，脂肪含量极低，对人体健康有益。不过由于鱿鱼中胆固醇含量较高，所以即使营养丰富、味道鲜美也有不宜食用的人群，比如高脂血症、高胆固醇血症、动脉硬化、脾胃虚寒等人群。

安全隐患

无机砷超标

鱿鱼中无机砷超标多是因为养殖地水域污染导致，无机砷是砷的一种，是致癌物质，可引发癌症、皮肤病、心血管系统疾病、神经系统中毒和糖尿病等。

这样挑选更安全

1. 挑选新鲜鱿鱼

（1）看色泽。新鲜的鱿鱼颜色为粉红色，有光泽，看起来呈半透明状，体表略显白霜；不新鲜的鱿鱼背部有霉红色或黑色色块，颜色暗淡。

（2）看肉质。新鲜的鱿鱼头部和身体较为紧实，摸起来有弹性，而且越紧实越新鲜；不新鲜的鱿鱼身体比较松垮，肉质松软无弹性。

（3）挤压背部。购买时用手去挤压一下鱿鱼背部的膜，膜不易脱落的是新鲜的，越容易脱落的越不新鲜。

（4）闻气味。新鲜的鱿鱼是正常的海鲜味，不新鲜的鱿鱼有异臭味，味道很明显，稍微闻一下就能闻出来。

2. 挑选鱿鱼干

（1）质量上佳的鱿鱼干呈黄白色或粉红色，体表略有白霜；质量稍次的鱿鱼干呈肉红色，白霜略厚；劣质的鱿鱼干颜色深暗，背部呈黑红色或暗灰色，白霜过厚。

（2）质量上佳的鱿鱼干呈扁、平、薄块状，肉质结实、肥厚，肉体洁净无损伤；质量稍次的鱿鱼干肉质较松软，肉体洁净但有损伤；劣质的鱿鱼干肉体松软，表面干枯，肉体损伤面积大，不完整。

|这|样|清|洗|很|干|净|

把鱿鱼的眼睛、墨汁和墨袋去掉，沿着腹部中间线切开，清除内脏，之后清除鱿鱼全身的皮，剪下鱿鱼须，撸掉吸盘，用水反复搓洗干净即可。鱿鱼干可以用清水浸泡几个小时，再刮去体表上的黏液，用热碱水泡发。

|这|样|烹|调|才|健|康|

鱿鱼炖、炒都比较健康。木耳炒鱿鱼可以补铁、提高免疫力；鱿鱼炖猪蹄可以补气养血；黄瓜炒鱿鱼可以补气养血；鱿鱼汤可以养心安神。

6　海参掺糖来增重，影响健康不宜吃

海参是生活在海洋中的棘皮动物，距今已经有六亿多年的历史，与鱼翅、鲍鱼、鱼唇、裙边、干贝、鱼脆、蛤士蟆齐名，是"水八珍"之一。海参不仅是珍贵的食品，还是珍贵的药材，具有补肝肾、益精髓、壮阳气等功效，可以提高记忆力、延缓性腺衰老、防止动脉硬化、预防糖尿病、抗肿瘤等。

安全隐患

糖海参

海参有鲜海参、干海参之分，鲜海参价格高，30斤鲜海参才能制成1斤的干海参价格更高，为了降低成本，有些不良商贩会把海参或者劣质海参放到糖稀里熬，既能给海参增重，还能提升海参的卖相。但是海参在熬制过程中不仅营养物质会大量流失，而且还会产生致癌物，影响身体健康。

除此之外还有人往海参中加明矾、胶质或柠檬酸，都会对食用者的身体健康造成威胁。

|这|样|挑|选|更|安|全|

1. 看色泽

优质海参呈黑灰色或灰色，颜色正常。如果海参开口处和内部都是黑的，一般是由炭黑或墨汁染黑的不宜选购。如果颜色黑亮美观的，应该是加入了大量白糖、胶质甚至是明矾，也不宜选购。

2. 看组织形态

优质海参体形完整、肥满，肉质厚，将尾部开口向外翻就能看到厚度，刺粗壮挺拔，嘴部石灰质露出少，用刀切时切口较整齐；劣质海参参体呈扁状，肉质薄，嘴部石灰质露出多，刺有残缺。

3. 看状态

购买时一定要买干燥的海参，湿润的海参水分含量较大，称重时会吃亏，而且湿的海参容易变质。

4. 看杂质

优质海参体内很干净，基本上无盐结晶，外表也无盐霜，附在海参上的木炭和草木灰无异味；劣质海参体内有盐、水泥或杂物等，有异味。

|这|样|清|洗|很|干|净|

1. 鲜海参

剪开海参肚皮，去内脏、沙囊，用流动水清洗干净，放入砂锅内，加清水文火加热 30 ~ 50 分钟，至海参身体变软，捞出过凉水漂洗干净，之后放入凉水中泡发 60 ~ 70 小时，每 24 小时换一次水，发好后用保鲜袋包起来，放在冷冻室，现吃现化冻。

2. 干海参

干海参用流动水洗净，放入凉水中浸泡，每天换水 1~3 次，3 天后品尝，以水不咸、不甜为准。之后将泡软的干海参捞出，用刀把海参背部切开，摘掉海参的口腔和肠壁内筋，放到 100℃ 的热水中浸泡 6~8 小时，之后捞出泡好的海参，换纯净水浸泡，放入冰箱内存放，0℃~8℃ 涨发，36 小时左右即可食用。

这样烹调才健康

海参炒、炖都比较健康。比如葱爆海参可以延缓衰老、消除疲劳、提高免疫力；枸杞炖海参可以补肾壮阳；竹笋烧海参可以滋阴润燥、清热养血；芦笋烩海参可以防癌抗癌。

不过，烹调海参时别放醋，因为醋会让海参中的胶原蛋白凝聚与紧缩，不利于营养元素吸收。除此之外，患有急性肠炎、感冒、咳痰、气喘及大便溏薄者忌食海参。

7　虾米染色伤肝肾，挑选的时候要避开

虾米，又叫海米、金钩，是常吃的海味品。虾米具有极高的营养价值，不仅富含蛋白质、脂肪、糖类、维生素以及钙、铁、磷等矿物质，而且含有虾青素，具有多种生理功效，在抗氧化性、抗肿瘤、预防癌症、增强免疫力、改善视力等方面都有一定的效果。

安全隐患

染色虾米

染色虾米是用非法添加的工业添加剂胭脂红制成的。胭脂红虽然是允许在工业中使用的添加剂，但一直被禁止用在水产品中，否则长期食用会损伤肝肾。

这样挑选更安全

1. 看色泽

上品虾米颜色是天然的，呈黄色或浅红色，有时会有一些琥珀色，瓣节是一节红一节白，色泽发亮，颜色大体一致；若出现两种以上的颜色，说明有坏的；色泽暗而且不光洁的一般是在阴雨天晒的；虾米通体红色，看不到什么瓣节，晒干以后头上的膏是用红色包住的，说明是染色虾米。

2. 看体形

好的虾米体形是弯曲的，弯曲说明是用活虾加工的，活虾肉有弹性，筋是紧绷的；若虾米体形笔直或弯曲不大，说明大多是用死虾加工的。此外，好的虾皮无黏壳、贴皮、空头壳、霉变等现象出现。

3. 尝味道

购买时取一粒虾米放在嘴里嚼一下，咸淡适口，鲜中带着些甜味的是上品；盐味重，有明显苦涩感或其他异味的质量较差。

4. 看杂质

好的虾米完整，大小均匀，无碎末，无虾糠，也无其他鱼虾。

这样清洗很干净

虾米放入淡盐水中浸泡20分钟，之后用流动水冲洗干净即可。浸泡时要注意时间，不要超过20分钟，否则容易造成营养物质流失。

这样烹调才健康

虾米一般做配菜食用。虾米炒紫甘蓝可以强壮身体、防癌抗病；虾米炒藕片可以养血补血；虾米粥可以提高免疫力、补钙、防治感冒。

虾米一般人群皆可食用，但是正值上火之时，以及患有过敏性鼻炎、支气管炎、过敏性皮炎者最好不要食用，以免病情加重。除此之外，虾米中含有较多嘌呤，不宜过量食用，否则容易导致痛风。

8 海带颜色翠绿，学会挑选保健康

海带属海藻类植物，是一种营养价值非常高的蔬菜，尤其是碘等矿物质的含量很高，蛋白质含量中等，热量含量很少，营养比例上佳。研究发现，海带具有降血脂、降血糖、调节免疫力、抗肿瘤、抗凝血、抗氧化、排铅解毒等多种生理功能。

安全隐患

翠绿色海带

海带以褐绿色、土黄色为正常，但是有不少黑心商家为了推销商品，竟然用工业用的化学染色剂碱性品绿和连二亚硫酸钠加水来泡海带。经过它们浸泡的海带，只需一夜，颜色会变成翠绿色，的确非常好看。但是这样的海带含有一定毒性，蓄积在人体内，时间一长导致人体患癌的概率大大增加。

这样挑选更安全

1. 看颜色

挑选时不要以为绿油油的海带最好，其实褐绿色、土黄色的海带才是正常的。翠绿色的不要买，因为翠绿色的很可能是用色素浸泡过的。

2. 查质感

一般海带摸上去会感觉黏腻腻的，褐绿色的海带黏性最大；墨绿色的海带经过了一系列的加工，几乎没有黏腻腻的感觉了；而经过化学加工的海带连韧性也很小了。另外，捆绑着的海带要仔细检查，选择没有枯叶、泥沙，没有霉变，干净整齐的。

3. 闻味道

如果是新鲜的，没有经过染色剂浸染的海带，海鲜味是特别浓厚的。反之，经过处理的或者漂染剂染色过的海带，海鲜味就要淡很多。如果出现了其他异味，海带的质量也要大打折扣。

4. 看有无白霜

选海带时看其表面是否有白霜，有的话是质量上佳海带，没有的话则是质量不好的海带。因为白霜是植物碱风化后产生的甘露醇，它是有营养的。

5. 看商标

正规大商场的海带质量比较有保障，最好选择标有"QS"标志或新的食品生产许可 SC 编号的，并查看外包装上生产厂家、生产日期、保质期等信息是否齐全。

这样清洗很干净

1. 鲜海带

鲜海带用清水搓洗干净，如果发现洗后的水有异常，比如变成绿色，说明是染色海带，不宜继续食用。如果没有异常，直接烹调食用即可。

2. 干海带

干海带用热水泡发，可以清除大部分污渍，之后用刷子刷，进一步把紧贴在海带上的脏东西洗掉，最后放入盐水中浸泡 10 分钟，去除农药残留、食品添加剂等，再次冲洗干净即可。

这样烹调才健康

海带凉拌、炖的烹调方法都比较健康。比如海带炖排骨可以防治皮肤瘙痒；芝麻海带丝可以益寿养颜；海带菠菜汤可以强健筋骨；海带豆腐汤可以均衡营养、降血压；海带拌生菜可以助消化；木耳拌海带丝可以排出毒素、促进营养吸收。

另外，如果用干海带烹调时，为了避免海带过硬，可以用淘米水泡发海带，能让海带变得易发、易洗，烧煮时也易酥软；在煮海带时加少许食用碱或小苏打，但不可过多，煮软后，将海带放在凉水中泡凉，清洗干净，捞出即可食用；把成团的干海带打开放在笼屉里隔水干蒸 30 分钟左右，然后用清水浸泡一夜，用这种方法处理后的海带又脆又嫩，用它来炖、炒、凉拌，都柔软可口。

加工食品一向是餐桌上不可忽略的"美食"，但是色香味俱全的
外表下可能隐藏着超范围使用或超量使用的食品添加剂，一定要
避免购买、食用这些食品，才能保障自己的饮食安全。

Part 8

加工食品让人爱又恨，
教你正确选购与合理烹调

1　劣质方便面会致癌，挑选、烹调都要讲究

方便面又称快餐面、泡面等，是我们日常生活中经常食用的快餐食品之一。不过方便面含盐分高，营养单调，算不上什么健康食品，经常食用容易导致营养不良，增加患病风险。尤其是劣质方便面，常吃甚至会致癌，一定要警惕。

安全隐患

黑心油、问题调料包

2013 年爆出"黑心油事件"，所谓黑心油是厂商用廉价的棉籽油和铜叶绿素、人工香精、色素调制成"高级"食用油来制作方便面、调料包等，对人体健康产生极大的威胁，引起众多关注。

这样挑选更安全

1. 看色泽

凡是面饼呈均匀乳白色或淡黄色，无焦、生现象的即为合格的方便面。

2. 闻气味

优质方便面气味正常，无霉味、哈喇味及其他异味。

3. 看外观

优质方便面外形整齐，花纹均匀。

4. 看复水

面条复水后无明显断条、并条，口感不夹生、不粘牙的为合格方便面。

5. 看厂家

挑选方便面，一定要首选名牌产品，而且上面必须有食品市场准入"QS"标志或新的食品生产许可 SC 编号的产品。因为这些产品的生产企业规模较大，比较有保障，而且就国家监督情况来看，大企业的产品质量相对较好，品质、卫生、口味、营养都比较有保证。

6. 看生产日期

注意方便面的生产日期，尽量选择日期比较近的产品。

7. 看配料表

注意方便面的配料表，主要的配料在上边都可以看到，也可以参考配料表选择口味。这样基本可以保证自己买得放心、吃得舒心。

8. 看包装是否完好

注意包装是否完好无破损。选择方便面的时候，一定要挑那些包装完好、商标明确、厂家清楚的，我们都知道，包装一旦破裂，方便面便容易被污染，加速其氧化变质的速度。另外，即便是包装完整的方便面，食用前，也必须认真查看鉴别。名牌企业多数采用自动包装机包装，而造假商贩为降低成本，都是在极简陋的条件下进行手工包装，因此一定不要购买包装有破损的方便面。

|这|样|烹|调|才|健|康|

方便面一般煮食。在煮之前，先把方便面放入沸水中，浸泡 1 分钟后捞出方便面，倒掉汤。之后锅中重新加水，煮沸，加入新鲜的青菜、鸡蛋、肉等，再加方便面一块煮食，便能降低磷酸盐和卤水等食品添加剂的含量，让方便面更加营养、健康，吃完面后汤最好倒掉。

即使采用以上方法食用方便面，还是要注意：尽量不要把方便面作为晚餐和夜宵食用，因为这个时候人们对高脂肪食用的需求较少，吃了不易消化；其汤料往往脂肪过高，盐分过多，即使要放也要尽量少放，以不超过提供量的一半为宜；方便面含有较多脂肪，容易因为脂肪氧化而变味酸败，因此制造者通常会在其中添加抗氧化剂，如果打开包装后闻到面饼或料包有不新鲜的气味，应该警惕脂肪氧化问题，不宜再继续食用。

除此之外，高血压和糖尿病患者、儿童尤其是学龄前儿童以及中老年人，无论如何烹调的方便面，都最好不要食用。

2　加了改良剂的面包口感松软，购买时要仔细挑选

　　面包是一种用五谷（一般是麦类）磨粉制作并加热而制成的食品。以小麦粉为主要原料，以酵母、鸡蛋、油脂、糖、盐等为辅料，加水调制成面团，经过发酵、分割、成形、醒发、焙烤、冷却等过程加工而成的焙烤食品，有多种口味，饱腹且有一定营养。

安全隐患

溴酸钾面包

在面包制作过程中，一般会加入面包改良剂，一种由乳化剂、氧化剂、酶制剂、无机盐和填充剂等组成的复配型食品添加剂，用于面包制作可促进面包柔软和增加面包烘烤弹性，并有效延缓面包老化等作用。不过在使用面包改良剂的过程中要注意使用成分和使用量的掌握，因为有的成分属于违禁用品，过量使用会产生副作用，比如溴酸钾。

　　溴酸钾曾经一度是备受欢迎的面包改良剂，是面包松软美味的秘诀，不过经动物实验表明，溴酸钾会引起动物呕吐、腹泻，甚至致癌，所以1992年联合国农粮组织和世界卫生组织确认溴酸钾的危害，2005年7月，我国对溴酸钾颁布了禁令。不过仍然有一些不良商家贪图溴酸钾便宜、好用，继续用于面包制作。虽然面包经过高温烘烤，大部分溴酸钾会转化成对人体无害的溴化钾，偶尔吃一次不会对身体造成太大伤害，但是仍要注意辨别，以不食用此种面包为宜。

|这|样|挑|选|更|安|全|

1. 看体积、掂分量

用溴酸钾做面包改良剂制成的面包，体积大、分量轻、价格便宜，所以如果有的面包个头大的出奇，但是质量很轻，就要引起足够的警惕了。

2. 买蛋糕或韧度小的面包

平时想吃面包，尽量避免菠萝包、法棍、切片面包等松软、韧性大的面包，选购以低筋面粉做成的面点、蛋糕等为宜。

|这|样|烹|调|才|健|康|

面包可以直接吃，不过最好搭配牛奶、酸奶、水果、肉类、蔬菜等食用，增加膳食纤维、维生素等面包缺乏的营养元素，使营养摄入更全面，吃起来更健康。

不过面包属于发酵类食物，任何经过发酵的东西都不能立刻食用，否则容易引起胃病。所以刚出炉还在发酵的面包虽然新鲜、口感好，但是为了健康，至少要放置 2 小时后再食用。

3　豆浆精勾兑豆浆，危害较大不宜购

豆浆是我们喜爱的饮品之一，也是老少皆宜的营养品之一，有"植物奶"的美誉。豆浆含有丰富的植物蛋白、磷脂、维生素 B_1、维生素 B_2、烟酸以及铁、钙等矿物质，适合我国各种人群饮用。

安全隐患

豆浆精勾兑豆浆

豆浆精是一种浓缩香精、增稠剂、糖或甜味剂等制成的添加剂，有浓重的豆制品香味，即使是用水稀释百倍，仍然具有豆浆香味，只不过这种香味不是天然的豆香、豆腥味，而是一种近乎香甜的奶香味。用豆浆精勾兑豆浆，价格低廉，产量翻倍，卖相好看，口感润滑，是很多不良商家的首选。比如，500 克黄豆加 4.5 千克水能得到 5 千克口感纯正的豆浆，要想得到同样纯度的豆浆，需要以 1∶9 的比例加入黄豆和水，但是有了豆浆精就不一样了，不良商家只要用 500 克黄豆加 4.5 千克水得到 5 千克豆浆，在此基础上添加一点豆浆精，再加 25 千克水，就能得到 30 千克豆浆，并以此类推，相当省钱。但是到了消费者这里，常喝勾兑出来的豆浆，不仅起不到应有的营养效果，还会导致头痛、恶心、呕吐、呼吸困难等，给身体造成损伤。

这样挑选更安全

1. 看颜色

一般来说，市场上最常见的豆浆是黄豆打制的，好的黄豆豆浆颜色呈乳白色或淡黄色，差一点的呈白色。而豆浆精勾兑的豆浆颜色要更淡一些，呈灰白色。

2. 看黏稠度

豆浆以黏稠度中度为好，一般过分黏稠的豆浆有可能是添加了增稠剂。

3. 尝味道

鲜豆浆有豆香味和豆腥味，勾兑的豆浆豆香味、豆腥味都很淡，而且还可能散发着奶香味，这是因为豆浆精中含有的香兰素导致的。

4. 看沉淀

好的豆浆静置 1~2 小时只会有少许沉淀，但是勾兑或者劣质的豆浆则沉淀较多，还会出现分层、结块等现象。

这样烹调才健康

要想让豆浆更健康，可以自制豆浆，除了使用黄豆、黑豆外，还可以酌情加入红枣、花生、红豆、五谷等，让豆浆营养更丰富、全面。

自制豆浆时要注意：生豆浆加热到 80℃~90℃ 的时候会出现大量泡沫，这是"假沸"现象，不代表豆浆真的煮熟了。所以在出现"假沸"现象后要继续加热 3~5 分钟，使泡沫完全消失，这样才能破坏豆浆中的皂苷物质，保证营养健康。

4　牛奶用二氧化氯保鲜，健康牛奶自己选出来

牛奶是最古老的天然饮料之一，被誉为"白色血液"，富含钙、磷、铁、锌、铜、锰、钾等矿物质，对人体健康具有非常重要的作用。尤其难得的是，牛奶中的钙磷比例适当，不仅能补充人体所需的钙和磷，而且利于人体对钙的吸收。

安全隐患

1. 二氧化氯保鲜牛奶

二氧化氯是一种无色无味的化学药品，放在牛奶里可以让牛奶放一两天都不会臭。按照我国目前的食品添加剂标准，二氧化氯只能用于果蔬和部分水产品的防腐保鲜，并不允许直接添加在牛奶内。

2. 皮革奶

皮革奶是通过添加皮革水解蛋白从而提高牛奶含氮量，达到提高其蛋白质含量检测指标的牛奶。不过这种皮革水解蛋白中含有严重超标的重金属等有害物质，致使牛奶有毒有害，严重危害人体健康。

3. 各种非法添加剂

不良商贩在牛奶中添加漂白剂、滑石粉、工业碱、三聚氰胺等有害物质，达到表面提升牛奶质量的目的，但是这些添加剂对人体造成的危害不可控。

|这|样|挑|选|更|安|全|

1. 闻味道

新鲜优质的牛奶有鲜美的乳香味，有酸味、鱼腥味、臭味的牛奶则已经变质。

2. 看包装

购买时要观察包装是否有胀包、奶液是否是均匀的乳浊液，如果发现奶瓶上部出现清液，下层呈豆腐脑沉淀在瓶底，说明奶已经变酸、变质了。

3. 品尝

如果商家允许品尝，可以先尝一下。新鲜的牛奶有微微的甜味，香气不浓烈；如果有苦味或酸味，说明牛奶原材料质量差；如果有浓香或很甜的味道，说明放了香精或增味剂。

4. 加热

将买回来的牛奶加热，如果在牛奶还没有沸腾的时候就出现分层或凝聚现象，说明奶中的微生物已经大大超标。

5. 试验

如果想要检测已经买回来的牛奶的质量，可以把牛奶倒在干净玻璃杯里，停几分钟，再倒出去。如果杯壁上有均匀一层薄薄的挂杯，是正常的。但如果杯壁上有细小颗粒、细小团块，说明原奶曾经有过结块现象，表示原料奶质量不好。

|这|样|烹|调|才|健|康|

牛奶煮沸之后再饮用比较健康，而且在煮牛奶的过程中，可以加入黑豆，帮助人体更好地吸收牛奶中的维生素 B_{12}；加入蜂蜜，可以缓解贫血和痛经；加入桃子，可以滋阴润肤；加入香蕉，可以润肠通便；加入木瓜，可以美容养颜。

不过值得注意的是，喝牛奶不能空腹，最好与淀粉类食品同食，而且喝牛奶后 1 小时内不宜喝果汁、吃水果，否则容易使牛奶中的某些蛋白质在胃内凝固成块，使人体不易吸收，影响健康。

除此之外，缺铁性贫血、腹胀、腹痛、腹泻、胆囊炎、胰腺炎、反流性食管炎、肾结石和牛奶过敏者不宜饮用牛奶，否则不仅无法发挥牛奶应有的营养功效，还容易导致病情加重，影响身体健康。

5　火腿肠添加剂多，合理烹调增加营养

火腿肠是深受广大消费者欢迎的一种肉类食品，是以禽畜肉为主要原料，添加淀粉、植物蛋白粉、各种调味品以及食品添加剂制成的一种快餐食品。火腿肠的特点是肉质细腻、鲜嫩爽口、携带方便、食用简单、保质期长等，适合绝大多数人群食用。孕妇、儿童、老年人和体弱者少吃或不吃为好，肝肾功能不全者不宜食用。除此之外，火腿肠含有大量食品添加剂，作为禽畜肉的原料也容易细菌超标，所以火腿肠要适当、适量食用。

安 全 隐 患

1. 病猪肉火腿肠

不良厂家为了压缩生产成本，选择病猪肉、淋巴肉等灌到火腿肠中，吃多了会在体内累积毒素，导致食物中毒。

2. 亚硝酸钠火腿肠

用劣质肉做出的火腿肠无论是口味还是卖相都不如健康的肉做出的火腿肠，所以有些不良厂家便会在火腿肠中加入各种添加剂，比如作为防腐剂和着色剂的亚硝酸钠。亚硝酸钠中的一氧化氮与猪肉中的蛋白质相结合，会生成鲜红色的亚硝基蛋白，经过这样处理之后，火腿肠的颜色会变得比较漂亮。经常食用这样的火腿肠会出现头疼、头晕、恶心、腹泻等一系列症状，严重的话甚至会导致急性中毒，危及生命安全。

|这|样|挑|选|更|安|全|

1. 看外观

新鲜优质的火腿肠肠体干燥，比较紧实，有弹性；劣质的火腿肠肠衣湿而黏，肠体没有弹性。

2. 闻气味

新鲜优质的火腿肠有香肠固有的肉香味，但是劣质的火腿肠即使添加了香精，仔细闻也可能存在酸酸的油脂味道，或者是其他异味。

3. 看切片

优质的火腿肠切片光泽、油亮且平整，劣质的火腿肠切片周围有淡灰色的环，且容易松散。

|这|样|清|洗|很|干|净|

用刀在火腿肠的正反面各切 3～4 个刀口，放在沸水中煮 1 分钟，可以减少火腿肠中的保鲜剂、着色剂和磷酸盐等添加剂。

|这|样|烹|调|才|健|康|

火腿肠可以炒，可以煮，研究证明，只要把火腿肠放在 60℃ 的温度中烹调 30 秒，即可将亚硝酸盐的含量减少 1/3。为了让火腿肠吃起来更健康，可以与蔬菜搭配，增加火腿肠的营养。比如芹菜炒火腿肠，可以增加膳食纤维摄入量，润肠通便；黄瓜炒火腿肠，可以补充维生素；火腿肠炖豆腐，可以补中益气、清热润燥。

6　40 种添加剂勾兑可口饮料，平时少喝是关键

营养师王旭峰在健康食品讲座中有一个做实验的盒子叫"食品真相揭秘箱"，里面有 40 种常见的食品添加剂，用这些食品添加剂可以勾兑多种口味的饮料、果冻、奶味饮品。虽然看上去触目惊心，但是如果是规定范围内的食品添加剂对人体并没有伤害，只是没有营养，多喝无益而已。

安全隐患

食品添加剂超标

在规定范围内使用食品添加剂对身体不会造成危害，但是在饮料制作中，掌控并没有那么规范，有些厂家用了香精、色素、甜味剂、防腐剂、柠檬黄、日落黄、胭脂红、诱惑红、亮蓝等食品添加剂，长期饮用可能造成人体内锌元素流失，导致儿童、青少年智力下降、食欲下降、生长发育迟缓等问题。

这样挑选更安全

1. 看包装

要看清标签标注、生产日期、保质期、厂名、厂址等是否齐全，配料中配料成分是否符合该类饮料的标准。

2. 看生产日期

要选择近期生产的产品。选购碳酸饮料时，要尽量选择近期生产的、罐体坚硬不易变形的产品。

3. 看人群

选购饮料要因人而异。果汁饮料有一定的营养成分，适合青少年和儿童饮用，但不能长期喝或一次性大量饮用。

这样烹调才健康

成品饮料含食品添加剂较多，可以在家自制饮料，比如玉米汁可以改善视力，缓解眼疲劳；胡萝卜汁可以减少空气污染对身体造成的伤害；黄瓜汁可以清除人体内的有害物质；葡萄汁可以抑制脂质过氧化问题；橙汁可以补充维生素。

如果非常想喝饮料，偶尔喝一次没有关系，千万不可以此代替水，对健康极为不利。

7　蜜饯有可能添加剂超标，挑选时要格外注意

蜜饯也称为果脯，是我国民间的糖蜜制水果食品，流传于各地，历史悠久。蜜饯一般以桃、杏、李、枣或冬瓜、生姜等果蔬为原料，用糖或蜂蜜腌制、加工制成的食品。除了作为小吃或零食直接食用外，蜜饯还用于蛋糕、饼干等点心的点缀。蜜饯不宜长时间食用，因为蜜饯在制作过程中，水果所含的维生素 C 基本完全被破坏，而加工中所用的白砂糖纯度可达 99.9% 以上，如此之纯的糖中除了大量热能之外，几乎没有其他营养，而食用大量的糖，还会导致 B 族维生素和某些微量元素的缺乏。而且有些蜜饯产品中还含有大量防腐剂和添加剂，长期食用对身体也存在潜在的危害。因此在日常生活中一定不要拿蜜饯代替水果。

安全隐患

毒蜜饯

所谓毒蜜饯，是指用烂水果为原材料，用食品添加剂来"改头换面"的劣质蜜饯。有些不良商贩会用硫黄为制作蜜饯的水果保鲜，之后用糖精来腌制这些水果，加工制成蜜饯。在这个过程中，还可能加入金黄粉、柠檬黄、苋菜红等色素为蜜饯上色，让蜜饯更漂亮。如果再加上加工环境脏乱差，这样生产而成的蜜饯不仅含有细菌，长期食用还容易致病、致癌。

|这|样|挑|选|更|安|全|

1. 看包装

根据国家规定，蜜饯产品的包装必须注明名称、配料、重量、生产日期、保质期、产品标号、制造商和经销商的名称、地址，还要标明产品配料说明，购买时可以仔细查看要买的蜜饯包装上这些内容是否齐全，以及蜜饯都含有哪些添加剂。

2. 看颜色

优质的蜜饯颜色不会特别鲜艳，而且形状饱满、完整，糖霜分布均匀；劣质的蜜饯颜色会格外鲜艳、漂亮，但是形状会比较奇怪或有残缺。

3. 尝味道

优质的蜜饯能尝到水果本身的香味，而且口感细腻；劣质的蜜饯不仅水果味淡，而且仔细品尝还有可能尝出异味、异物，这样的蜜饯千万不要吃了。

|这|样|烹|调|才|健|康|

蜜饯除了挑选有品质保障的，还可以在家中自制，比如自制山楂蜜饯可以开胃；苹果蜜饯可以健胃消食；海棠果蜜饯可以化痰止咳；糖渍金橘可以开胃生津。

不过需要注意的是，自制蜜饯虽然健康，也不能代替新鲜水果长期食用。因为经过加工之后，水果中的营养成分大部分都被破坏掉了，长期食用容易导致身体中营养元素缺乏。

8　端午节挑粽子，注意区别返青粽叶粽

粽子由粽叶包裹糯米蒸制而成，是我国传统节庆食物之一，有香糯肉粽、甜茶粽、红豆粽、蜜枣粽、绿豆鸭蛋粽、五豆粽、鱼香荷叶粽、八宝粽、豆沙粽等各种口味的粽子。

安 全 隐 患

返青粽叶粽

返青粽叶是不法商家采取化学染色手段，在浸泡粽叶时加入工业硫酸铜，让已失去原色的粽叶返青，使其表面光鲜、色泽鲜绿，人吃了这种粽叶包的粽子可能会导致铜中毒。

这样挑选更安全

1. 看标志

国家已经下发过粽子的 QS 标志，所以，在购买的时候一定要看好粽子上的包装是否有 QS 安全标志，如果没有的话，建议不要购买。或者查看有没有新的食品生产许可 SC 编号，有的话也可以选购。

2. 看粽叶

在选购粽子的时候，要看其外面用的粽叶，一般粽叶颜色因为蒸煮会

变色，所以颜色为暗色。如果蒸煮后的粽叶为鲜绿色的话，则有很大可能是用工业染料加工过的，不要购买。

3. 看包装

在选择粽子的时候要看清楚，没有包装的粽子不建议购买。如果是拆包零卖的粽子，也不建议购买。

4. 看商家

选择信誉好的商家或者是大型的超市购买，不要到小店或者是流动的小贩那里购买。

这样烹调才健康

粽子平时不太吃，端午节前后吃得比较多，所以如果有时间可以自制粽子，这样干净、安全，质量最有保障。

一般情况下，包肉粽的话要尽量以瘦肉取代高脂的五花肉或肥肉，这样既能保证蛋白质价值相同，还能避免不必要的油脂摄取。咸蛋黄的粽子由于胆固醇与钠含量皆高，建议尽量不选用，以干香菇、菜脯、竹笋丁为主，纤维量的增加可延缓血糖上升速度。坚果类的粽子常用栗子、花生等食材，这类食材富含维生素 E，但因油脂与热量偏高，建议酌量使用，以搭配口感为主。

一般 1～2 个粽子即可替代一餐的主食分量，加上粽子多用糯米为主原料，容易影响消化，所以在未熟的情况下不宜食用，而且要适当、适量食用。

不能吃储存太久的粽子，因为自制的粽子未经过真空处理，保质期是极其短暂的，如是天气炎热，最好及时吃掉，如果吃不掉存放在冰箱里，也最好在 4 天内吃完。而且心血管患者、胃肠道疾病患者、糖尿病患者不宜食用粽子，以免对健康造成负担。

除了以上多种常见归类食材外，市场上还有不少其他常见食材，
必须采用相应的方法进行鉴别。

Part 9

其他常用食材，

十八般武艺来"绿化"

1　黑木耳与白木耳，口感纯正不掉色的为好

木耳有黑木耳、白木耳之分。黑木耳有人工培育和野生木耳两种，市场上销售的绝大部分都是人工培育的。相比而言，野生黑木耳要比人工培育的黑木耳不管在品质还是口味方面都要好。黑木耳味道鲜美，营养丰富，有很多的药用功效，可以活血、强身、益气等，对养血驻颜、疏通肠胃、防治缺铁性贫血、治疗高血压等有一定功效。

白木耳又称银耳、雪耳、银耳子等，味甘、淡，具有补脾开胃、益气清肠、滋阴润肺的功效，可以增强人体免疫力，增强肿瘤患者对放疗、化疗的耐受力。银耳富有天然植物性胶质，加上它具有滋阴的作用，是可以长期服用的良好润肤食品。

安全隐患

1. 墨染黑木耳

不良商贩把劣质黑木耳剪成优质黑木耳的样子，放入加了黑色墨水的水里浸泡，泡成与优质黑木耳一样的颜色，常食对人体消化系统危害比较大。

2. 硫黄熏白木耳

特别白的白木耳可能是硫黄熏出来的，而且越白净的硫黄熏制的可能性越高。这种白木耳吃多了容易引起食物中毒，长期食用甚至会增加患癌的风险。

这样挑选更安全

1. 挑选黑木耳

（1）看颜色。挑选时注意观察黑木耳的颜色，优质黑木耳的正反两面色泽不同，正面为灰黑色或灰褐色，反面为黑色或黑褐色，有光泽，肉厚、朵大，无杂质，无霉烂。劣质黑木耳朵小且薄，表面有白色或微黄色附着物，易粘朵结块。

（2）闻味道。优质黑木耳一般闻着无异味，尝时有清香味。劣质黑木耳闻时有酸味，尝时有酸、甜、咸、苦、涩、臭味。若有这些味道，可能掺有工业用药或用墨染过。

（3）摸表面。优质黑木耳较轻、松散，表面平滑，脆而易断。假木耳较重，表面粗糙。掺糖的黑木耳手感黏、软。

（4）用水泡。优质黑木耳放入水中后，先漂在水面，然后慢慢吸水，吸水量大，叶体肥厚，均匀悬浮在水中。假木耳放入水中后先沉底，然后慢慢吸水浮起，叶片较小，吸水量小，有异味。

2. 挑选白木耳

（1）看颜色。买白木耳并不是越白越好。太白的白木耳可能是使用硫黄进行熏蒸的，所以应该选择白中略带黄色的白木耳。

（2）闻味道。干的白木耳如果被特殊化学材料熏蒸过会存在异味，凑在鼻子上闻会刺鼻。所以挑选白木耳除了看颜色，还要闻闻是否有异味。

（3）看质感。优质的白木耳质感柔韧，不易断裂。

（4）看朵大小。优质的白木耳花朵圆润硕大，间隙均匀，质感蓬松，肉质比较肥厚，没有杂质、霉斑等。

（5）摸干湿。质量好的白木耳摸起来干而硬。

|这|样|清|洗|很|干|净|

木耳要多浸泡。若自己买到的木耳不能够辨别优劣，可以通过多次浸泡来去除墨染、硫黄等物质。因为墨或硫黄属于活性极强的物质，易溶于水，所以可以将木耳，无论是黑木耳还是白木耳，放在温水中浸泡 1 小时左右，反复浸泡 3 遍以上，并确认水质变清，木耳无异味后再食用。

|这|样|烹|调|才|健|康|

木耳煮、炒、凉拌都比较健康，比如黑木耳炒马蹄可以提高免疫力；黑木耳炒青椒可以开胃消食；黑木耳炒猪肉可以清热补虚；醋调黑木耳可以均衡营养；白木耳雪梨羹可以润肺止咳；白木耳百合汤可以清咽润肺；苹果拌白木耳可以润肠通便。

不过为了保证营养和健康，变质的黑木耳和白木耳，如表面长有绒毛状的干品、经水泡后发黏有异味的均不可食用。而且孕妇、慢性腹泻、出血性疾病、阳痿者不宜食用黑木耳；风寒咳嗽、大便泄泻者、糖尿病患者不宜食用白木耳。

2　生姜用硫黄熏，颜色好看损肝肾

　　生姜属于药用食材，在我国一直就有"生姜治百病""冬吃萝卜夏吃姜，一年四季保健康"的说法，这与生姜所含的辣味素、芳香成分以及蛋白质、膳食纤维等营养元素有关。生姜辛而散温，益脾胃，善温中，可以降逆止呕、除湿消痞、止咳祛痰等，夏天常吃对身体较为有益。不过阴虚内热及实热证患者禁服。

安 全 隐 患

　　1. 硫黄熏姜

　　生姜本身就是埋在土里生长成的，挖出来就带着泥土，即使擦洗干净，也是土黄的颜色，不会变得白白净净的。但是不良商贩用硫黄熏出来的生姜却能达到这样的效果。硫黄有漂白、防腐等功效，把生姜堆在一起，点燃硫黄，等冒烟之后用被子把生姜盖起来，30 分钟左右就能熏出一堆白白净净、卖相上佳的生姜。不过这种硫黄熏姜含有一定的毒性，长期食用会对人体的神经系统、内脏等造成损害。

　　2. 敌敌畏保鲜姜

　　敌敌畏是常用来消灭农作物害虫的一种杀虫剂，含有剧毒，却可以给生姜保鲜、防虫。据调查研究表明，2500 千克生姜只用两瓶敌敌畏，而 1 瓶敌敌畏只用 10 元钱就能买到。可是吃了这样的生姜，毒素积累是必然的。

这样挑选更安全

1. 看颜色

正常的生姜较干，颜色发黄，如果比较水嫩，颜色呈浅黄色的是硫黄姜。

2. 看表皮

用手搓姜的表皮，如果皮很容易搓掉，掰开之后内外颜色差别较大的有可能是硫黄姜或用其他物质处理后的姜。

3. 闻气味

闻生姜的表面有没有异味或硫黄味，若没有则是正常的姜，若有则是硫黄姜。

4. 尝味道

用手抠一小块生姜放在嘴里尝一下，姜味不浓或是有其他味道的要慎重购买。

4. 有异常的姜

肉质干瘪、外皮皱缩、姜心变黑、姜上长嫩芽、生出白毛等有异常的姜都不宜选购。

这样清洗很干净

生姜放入水中浸泡 5 分钟左右，洗净去皮即可。

｜这｜样｜烹｜调｜才｜健｜康｜

生姜一般作为配料食用，比如当归生姜羊肉汤可以补气养血、温中暖肾；生姜黑米粥可以降胃火；姜汁莲藕可以止呕吐；生姜红糖水可以防治风寒感冒、胃痛等。

不过值得注意的是，阴虚火旺、目赤内热者，患有痈肿疮疖、肺炎、胃溃疡、胆囊炎、肺脓肿、肺结核、肾盂肾炎、糖尿病、痔疮者都不宜长期食用生姜。腐烂的生姜会产生有毒物质，可使肝细胞变性、坏死，诱发肝癌、食管癌等，不宜食用。

3 金针菇要小心选，看准颜色再下手

金针菇学名毛柄金钱菌，不含叶绿素，不进行光合作用，完全可以在黑暗的环境中生长。金针菇是秋冬与早春栽培的食用菌，营养丰富，特别适合作为凉拌菜和火锅的上好食材，深受广大群众喜爱。此外，金针菇对人体有很好的作用，可以降低胆固醇含量、缓解疲劳、抑制癌细胞、提高身体免疫力等。

安全隐患

1. 工业制剂泡金针菇

为了延长金针菇的保质期，有些不良商家会把工业柠檬酸或者工业盐放入水中，用来浸泡金针菇。经过浸泡之后，金针菇的保鲜期会延长，但是工业柠檬酸有刺激性和腐蚀性，长期摄入会伤害消化系统；工业盐有很强的毒性，累积多了不仅损害身体健康，甚至威胁生命安全。

2. "黑心"的金针菇罐头

新鲜金针菇不耐储藏，所以很多厂家会将其制成金针菇罐头。把金针菇做成罐头需要将金针菇煮熟，但煮熟后的金针菇颜色会变暗，卖相不好，所以有些不良厂家便动了歪脑筋，比如在煮之前用硫黄先把金针菇熏制一下或者在煮金针菇的时候倒入吊白块等。经过这样"炮制"的金针菇制成罐头，长期食用可能导致水肿、昏迷等，甚至致癌。

这样挑选更安全

1. 看颜色

南方有黄色的金针菇，呈淡黄至黄褐色；北方一般为白色金针菇，呈乌白或乳白色。无论哪种，都以颜色均匀、正常、无杂色的为好。

2. 看形状大小

长约15厘米左右，且菌顶呈半球形的为鲜嫩的金针菇，如果菌顶长开了，说明金针菇已经老了不宜选购。

3. 看包装

一定要买正规厂家出产，带有 QS 标志或新的生产许可 SC 编号的金针菇，这样才有质量保障。

4. 看汤汁

质量上乘的金针菇罐头汤汁清亮，如果汤汁混浊、杂质多的则不宜选购，这样的汤汁说明不是金针菇质量差，就是添加了不该添加的东西。

这样清洗很干净

金针菇撕开，用流动水冲洗干净，放入水中浸泡1小时，水倒掉，冲洗一下，去根，再次浸泡即可。

这样烹调才健康

金针菇炖、凉拌、炒都比较健康。金针菇猪肚汤可以开胃消食；金针菇烧豆腐可以降血压、降血脂；金针菇拌西兰花可以增强免疫力、防癌抗癌；金针菇炒鸡肉可以增强记忆力、益气补血。

4　鲜黄花菜含秋水仙碱，一定要处理好再食用

黄花菜又名金针菜，属百合目，性味甘凉，有止血、消炎、清热、利湿、消食、明目、安神等功效，对吐血、大便带血、小便不通、失眠、乳汁不下等疗效显著，可作为病后或产后的调补品，也可以作为日常菜品食用。由于鲜黄花菜含有秋水仙碱，食用后容易造成嗓子发干、恶心、呕吐、腹痛腹泻等症状，所以平时比较常吃的是干黄花菜，因为它在加工时已经把秋水仙碱去除了。

安全隐患

有毒黄花菜

为了使黄花菜外观鲜艳持久，提高卖相，增加销量，有些不良商贩会用焦亚硫酸钠、硫黄等进行熏制。硫黄的危害之前已经提过，在此不再提及。焦亚硫酸钠是一种食品添加剂，作为防腐剂、漂白剂、疏松剂使用。当作为漂白剂使用时，只限于熏蒸，不能用于浸泡。长期食用含有焦亚硫酸钠的黄花菜，可能会导致肝肾损伤，严重者甚至引起中毒，导致死亡。

这样挑选更安全

1. 看色泽

质量好的黄花菜颜色呈金黄色或棕黄色，色泽均匀，质量差的黄花菜

色泽深黄略带微红，甚至色泽带黑。

2. 看外形

质量好的黄花菜质地新鲜无杂物，条身紧长，粗壮均匀。抓一把捏成团，手感柔软且有弹性，松手后每根黄花菜又能很快伸展开。质量差的黄花菜条身长短不一，混有杂物，手感硬且易断，弹性差。

3. 闻气味

打开干黄花菜的外包装后闻气味，如果有化学、刺激性气味或其他异味，不宜选购。

这样清洗很干净

干黄花菜用清水冲洗干净，放入水中浸泡15分钟，如果水色浑黄却颜色单一无杂色，说明质量较好，用流动水再次清洗干净，继续泡发即可。如果不行，则继续泡洗。如果是鲜黄花菜，可以放入清水中浸泡2小时，捞出用清水冲洗干净，炒熟、煮透之后才能食用，否则容易中毒。

这样烹调才健康

黄花菜凉拌、炖汤比较健康。比如黄花菜黄鳝汤可以通血脉、利筋骨；凉拌黄花菜可以清利湿热、养血平肝。

由于黄花菜是近于湿热的食物，所以无论哪种烹调方法，有胃肠溃疡、哮喘的人均不宜食用。除此之外，平时痰多、容易长疮疖的人也最好不要食用。

5　粉条好吃却可能"有毒"，三招挑出好粉条

粉条是以红薯、马铃薯等为原料，经磨浆、沉淀等加工后制成的丝条状干燥的特色传统食品，口感爽滑，富有弹性，且含有淀粉、蛋白质、膳食纤维和多种矿物质，与蔬菜、肉类等搭配食用营养效果更丰富。

安全隐患

1. 毒粉条

因为粉条是淀粉浆摊开铺成粉皮，之后进行压条、晾晒、包装而成，受制作方法限制，颜色暗淡不美观，所以为了提升销量，有些不法厂家会用工业漂白剂吊白块来进行漂白，让其更为美观。但是吊白块含有毒性，10克就能杀死一个成年人，在高温下还会分解出甲醛，属于强致癌物，经常食用毒粉条，会引发白血病、癌症等一系列严重后果。

2. 铝超标

粉条在制作过程中会添加明矾，即十二水合硫酸铝钾，容易铝残留量超标，人体长期摄入铝残留量超标的粉条，对脑神经有毒害作用，可能会损伤大脑。此外，还会干扰人的意识和记忆功能，导致老年痴呆，引发肝病、贫血、骨质疏松等疾病，尤其是孕妇要慎用。

这样挑选更安全

1. 看色泽

粉条的颜色因为原料不同而有所区别。常见的绿豆粉条颜色洁白光润，在阳光直射下银光闪闪，呈半透明状；土豆粉条发青；玉米、高粱做成的粉条呈淡黄色；红薯粉条呈土黄色，暗淡无光、透明度差；蚕豆粉条洁白光润，但不如绿豆粉条细糯，有韧性。如果粉条颜色白净且鲜亮，很有可能是用了吊白块或染色剂，为了安全还是不买为好。

2. 看韧性

质量上乘的粉条柔韧性、弹性都很好，根根分明，不会粘在一起也不会碎成小段，质量差的粉条容易几根粘在一起，碎段多、杂质多。而且有的不良厂家为了增加粉条的韧性，还会往里面添加工业明胶。因此买来的粉条泡不软、嚼不烂，筋道的过了头的话，最好扔掉别吃了。

3. 闻气味、尝滋味

质量上乘的粉条闻起来无异味，在热水里浸泡一会儿捞出来闻没有异味，放到嘴里尝仍然没有异味。质量差的粉条会有霉味、酸味，尝起来会有苦涩的味道，而且像掺了沙子，不够细腻。

这样清洗很干净

先用清水冲洗干净，去掉表面脏污，之后用温水泡软，轻轻搓洗，去除其他有害物质，最后冲洗干净即可。除此之外，如果能用热水焯一下更好。

|这|样|烹|调|才|健|康|

　　一般来说，我们平时吃得最多的是地瓜粉制成的粉条，正常地瓜粉煮15～30分钟即可，如果超时不烂最好不宜食用，虽然不能证明是加入了明矾，但是可以确定是加入了其他东西。粉条搭配其他食材，营养更丰富更健康，吃猪肉炖粉条，补肾养血、滋阴润燥；菠菜炒粉条，润肠通便、助消化。

　　另外需要注意的是，长期大量食用粉条会造成摄入过多的铝元素，在脑动脉硬化等其他病变的基础上进一步造成脑细胞的变性、死亡，因此对粉条类食品不宜食用过多。粉条类食物是由淀粉制成，含有大量碳水化合物，进入人体后会转化为葡萄糖，所以高血糖、糖尿病患者应尽量少吃此类食品。

6　金黄诱人的豆腐皮，看着好看谨慎买

　　豆腐皮是汉族传统的豆制品，中医学认为其有清热润肺、止咳消痰、养胃解毒等功效，常吃对身体有益。现代研究表明，豆腐皮含有蛋白质、氨基酸以及铁、钙等人体必需的 18 种微量元素，可以提高人体免疫力，促进身体和智力发育。

安全隐患

王金黄豆腐皮

　　王金黄也称块黄，是一种工业染料，有很强的致癌作用。根据中国《食品添加剂使用卫生标准》及《食品卫生法》等相关规定，该物质未列入食品添加剂范围。但是有一些黑心商家，为了增加销量，让豆腐皮看起来更好看、质量更上乘，经常偷偷用来给豆腐皮染色。经过王金黄染色的豆腐皮颜色金黄，十分诱人，但是经常食用却会对身体造成急性和慢性中毒伤害，导致头疼、恶心、呕吐等症状出现。

这样挑选更安全

1. 看色泽

　　优质的豆腐皮呈均匀一致的淡黄色，有光泽；次质的豆腐皮呈深黄色或色泽暗淡发青，无光泽；劣质的豆腐皮色泽灰暗而无光泽。如果豆腐皮

通体金黄可能是加了王金黄，如果特别白，可能是加了吊白块或洗衣粉，都要注意。

2. 闻气味

购买时可以闻一下豆腐皮的味道，优质豆腐皮具有豆腐皮固有的清香味，无其他任何不良气味。如果是次质豆腐皮其固有的气味平淡，微有异味；劣质豆腐皮具有酸臭味、馊味或其他不良气味；加了工业添加剂的豆腐皮则会散发出异味，甚至是刺鼻的味道。

3. 尝味道

购买时可以撕一小块尝一下。优质豆腐皮具有豆腐皮固有的滋味，微咸味；次质豆腐皮其固有滋味平淡或稍有异味；劣质豆腐皮有酸味、苦涩味等不良滋味。

4. 看组织结构

购买时取一块样品进行观察，并用手拉伸试验其韧性。优质豆腐皮的组织结构紧密细腻、富有韧性、软硬适度、薄厚度均匀一致、不粘手、无杂质；次质豆腐皮的组织结构粗糙、薄厚不均、韧性差；劣质豆腐皮的组织结构杂乱、无韧性、表面发黏起糊、手摸会粘手。

这样清洗很干净

豆腐皮用清水冲洗干净，之后放入淡盐水中浸泡20分钟，倒掉水，再次冲洗干净即可。

这样烹调才健康

豆腐皮凉拌、炒、炖都比较健康。豆腐皮炒木耳可以滋补气血、润肠通便；豆腐皮炖猪肉可以壮骨补虚；豆腐皮拌生菜可以滋阴补肾、减肥健美；豆腐皮炖白菜可以清肺热、止痰咳。

不过需要注意的是，脾胃虚寒、经常腹泻的人不宜食用豆腐皮。

7　腐竹色泽鲜亮韧度强，可能掺了明胶、吊白块

腐竹别名豆筋，是非常经典的中式豆制食品，有着其他豆制品所不具备的独特口感。从营养的角度来说，腐竹也有着别的豆制品无法取代的特殊优点。和一般的豆制品相比，腐竹的营养素密度更高，其脂肪、蛋白质、糖类等能量物质的比例非常均衡，在运动前后吃可以迅速补充能量，并提供肌肉生长所需要的蛋白质。

安 全 隐 患

1. 吊白块腐竹

吊白块前面已经介绍过，用在腐竹的制作过程中，可以让腐竹颜色鲜亮，卖相更好，而且还能增加腐竹的韧性和筋道，让消费者误以为这样的腐竹质量上乘。

2. 明胶腐竹

明胶能增加腐竹的重量，有些不法厂家就是看准这一点，将它掺入腐竹当中，既增加了腐竹的重量，又让腐竹卖相看起来比较好，但是这无形中等于给腐竹披上了一层"毒"外衣，容易对身体多脏器造成蓄积性伤害。因此我国《食品卫生法》和《食品添加剂卫生管理办法》明令禁止将明胶作为食品添加剂使用。

这样挑选更安全

1. 看色泽

好的腐竹颜色呈淡黄色，有光泽；差一些的腐竹色泽较暗或者泛青白、洁白色，无光泽；劣质的腐竹呈灰黄色、深黄色或黄褐色，色暗无光泽。而加入吊白块的腐竹色泽鲜亮，像打了蜡一样。

2. 看外观

好的腐竹是枝条或片叶状，质脆易折，条状腐竹折断有空心，无霉斑、杂质、虫蛀；次一些的腐竹也是枝条或片叶状，但有较多的碎块或折断的枝条，较多实心条。

3. 闻气味

购买散装腐竹时可以闻一下气味。好的腐竹有其固有的豆香味，无其他任何异味；次一些的腐竹香味平淡；劣质腐竹有霉味、酸臭味等不良气味。

4. 尝味道

购买散装腐竹时，可以拿一小块放在嘴里咀嚼一下。好的腐竹有其固有的鲜香味；次一些的腐竹味道平淡；劣质腐竹有苦味、酸味或涩味等不良滋味。

5. 浸泡

如果对买回家的腐竹仍不放心，可以用温水浸泡 10 分钟左右，若泡出的水是黄色且没有浑浊，说明是质量上乘的腐竹；若泡出的水呈黄色且浑浊，说明是质量较次的腐竹或添加了其他有害添加剂的腐竹。

6. 测弹性

用温水泡腐竹，泡软之后拿出来轻拉，有弹性的是质量好的腐竹，没有弹性的是质量差的腐竹。而弹性已经上升到韧性，且韧性非常强的，可能是掺了其他物质的腐竹。

|这|样|清|洗|很|干|净|

腐竹先用流动水冲洗一下，之后泡入清水中2~3小时，待腐竹颜色变浅、发白，用手捏攥没有硬心，把水倒掉，再次清洗腐竹，泡入清水中备用即可。

|这|样|烹|调|才|健|康|

腐竹凉拌、炒都比较健康。比如芹菜拌腐竹可以清热利尿、降压去脂；腐竹排骨汤可以养肝补肾、舒筋活络。

另外需要注意的是，腐竹的营养价值虽高，但有肾炎、肾功能不全者最好少吃，否则会加重病情。糖尿病、酸中毒患者以及痛风患者或正在服用四环素等药的患者也应慎食。对豆类食品过敏的人更应该忌食腐竹，以免造成皮肤红肿、经常性腹泻、消化不良、头痛、咽喉疼痛、哮喘等过敏症状。

8　红薯用了着色剂，味道不好损健康

红薯又名山芋、地瓜、甘薯等，一般有黄瓤、白瓤、紫瓤之分。黄瓤、白瓤红薯中均富含蛋白质、淀粉、果胶、纤维素、氨基酸、维生素以及多种矿物质，有"长寿食品"的美誉，可以保护心脏，预防肺气肿、糖尿病，帮助缓解便秘、减肥等多种功效。而紫薯除了富含这些营养元素之外，还富含硒元素和花青素，是抗疲劳、抗衰、补血、抗癌的必要元素，煮熟食用对人体极为有益，可以适量常吃。

安全隐患

农药残留超标

红薯虽然在地下生长，但非常容易生线虫，对付这种线虫的"杀线剂"毒性非常强，容易造成红薯农药残留超标，长期食用给身体健康带来威胁。

|这|样|挑|选|更|安|全|

1. 看外表

选购时，一般要选择外表干净、光滑、形状均匀的红薯。若红薯表面有瘢痕，则不宜购买，因为其易腐烂，不易保存；若表面有凹凸不平或发

芽的情况，说明该红薯已经不新鲜了，最好不买；若表面有腐烂状的黑色小洞，说明该红薯内部已经腐烂，千万不要购买。

2. 看形状

要选择类似纺锤形形状的红薯，表面坚硬并且透着光亮的较好。

|这|样|清|洗|很|干|净|

红薯用流动水清洗干净，可以有效去除表皮的农药残留和磷酸盐类着色剂，之后再削皮或者放入清水中浸泡 1 小时即可。

|这|样|烹|调|才|健|康|

红薯蒸、炖、煮粥等食用都比较健康。红薯炖排骨可以补充营养；红薯牛奶可以补充膳食纤维、强心护肝；红薯粥可以健脾养胃；蒸红薯可以润肠通便。

不过需要注意的是，红薯最好不要生吃，因为红薯的淀粉含量较高，生吃容易给消化系统造成负担。最好不要长期单独食用，红薯蛋白质含量较低，会导致营养摄入不均衡。也不要过量食用红薯，因为红薯含有氧化酶，这种酶容易在人的胃肠道里产生大量二氧化碳气体，如果红薯吃得过多，容易引起胃胀、打嗝等症状，还容易刺激胃酸产生，使人感到烧心。红薯长了黑斑的千万不要食用，因为长有黑斑的红薯含有黑斑病毒，黑斑病毒很难被高温破坏与杀灭，如食用容易引起中毒，出现发热、恶心、呕吐、腹泻等一系列中毒症状，严重的甚至可能导致死亡。

9　毒酸菜可能致命，多洗几遍不掉色的为好

　　我们常说的酸菜一般指白菜、青菜等做成的所有种类酸菜的总称，可以分为东北酸菜、四川酸菜、贵州酸菜、云南酸菜等，不同地区的酸菜口味风格也不尽相同。在我们的饮食中，酸菜可以作为开胃小菜、下饭菜食用，也可以作为调味料来制作菜肴等。

安 全 隐 患

　　1. 含有亚硝酸盐的酸菜

　　食品在腌制过程中会产生亚硝酸盐，酸菜也是如此。一般来说，酸菜腌制 7 天左右亚硝酸盐含量最高；腌制 20 天以后亚硝酸盐含量才会有所降低，吃起来比较安全。如果是自己在家腌制酸菜，时间尽量长一些为好。腌制不成熟的酸菜中含有的亚硝酸盐是剧毒物质，成人摄入 0.2~0.5 克就会中毒，摄入 3 克便会导致死亡，所以一定要高度警惕。

　　2. 工业盐腌制的酸菜

　　据调查研究发现，有些不良商贩为了节约成本，节省时间，增加酸菜的卖相，延长保鲜时间，会往酸菜中添加一些工业盐、明矾、焦亚硫酸钠、苯甲酸钠等各种不同的"添加剂"，这样的酸菜食用后可能危害健康。

|这|样|挑|选|更|安|全|

1. 看颜色

好的酸菜菜帮微白透明，菜叶稍微有一点黄，整体看上去颜色很清爽，而添加了工业制剂的酸菜颜色看上去会比较鲜亮。

2. 闻气味

好的酸菜有浓郁的酸香味，有其他味道或者霉味的酸菜则是添加了其他东西的酸菜，不宜选购。

3. 看质地

好的酸菜摸起来有弹性，劣质的酸菜摸起来比较黏、软。

4. 看汤色

好的酸菜煮出来的汤呈浅黄色，添加了工业色素的酸菜煮出来的汤呈金黄色，这样的酸菜一定不能食用，最好连汤一起倒掉。

|这|样|清|洗|很|干|净|

酸菜买回家之后，一定要多清洗几遍，一直洗到水的颜色变清为止。如果不是马上吃，或者一次没吃完，要放进冰箱里储存。要是发现酸菜发了霉或者表面有白膜，一定要赶快扔掉，不能再吃了。

|这|样|烹|调|才|健|康|

酸菜一般炖、炒食用。如酸菜鱼可以补充营养；酸菜炒肉可以滋阴养胃。

需要注意的是，酸菜毕竟属于腌制品，不宜长期、大量食用。酸菜食用过多容易刺激胃酸分泌增多，从而引起胃酸过多症，甚至发生消化性溃疡。因此已经有胃部疾患的人最好少吃或不吃酸菜。此外，霉变的酸菜有致癌性，不能食用，千万不要以为口感、味道没有太多变化，去掉霉斑之后就能食用了。